Gulbahor Abdrimova

# Criação e introdução de híbridos do bicho-da-seda da amoreira

Gulbahor Abdrimova


# Criação e introdução de híbridos do bicho-da-seda da amoreira

## (Nas condições de Karakalpakstan)

**Imprint**

Any brand names and product names mentioned in this book are subject to trademark, brand or patent protection and are trademarks or registered trademarks of their respective holders. The use of brand names, product names, common names, trade names, product descriptions etc. even without a particular marking in this work is in no way to be construed to mean that such names may be regarded as unrestricted in respect of trademark and brand protection legislation and could thus be used by anyone.

Cover image: www.ingimage.com

This book is a translation from the original published under ISBN 978-620-7-46541-5.

Publisher:
Sciencia Scripts
is a trademark of
Dodo Books Indian Ocean Ltd. and OmniScriptum S.R.L publishing group

120 High Road, East Finchley, London, N2 9ED, United Kingdom
Str. Armeneasca 28/1, office 1, Chisinau MD-2012, Republic of Moldova, Europe
Printed at: see last page
ISBN: 978-620-7-76828-8

# Conteúdo

Nesta monografia escreve-se sobre a criação do bicho-da-seda da amoreira em zonas com condições ambientais extremas e as alterações globais das condições meteorológicas e climáticas no globo, ditam urgentemente a necessidade de desenvolvimento intensivo de novos métodos de seleção e reprodução de plantas e animais adaptados às condições ambientais alteradas. A criação de populações de reprodutores que proporcionem um nível normal de crescimento, desenvolvimento, reprodução e produtividade da seda em condições menos favoráveis reflecte os interesses da indústria de criação de seda na obtenção de elevados rendimentos de casulos em regiões com características zonais significativamente diferentes.

A monografia destina-se a estudantes de licenciatura, pós-graduados, investigadores seniores e professores de ciências.

Esta monografia foi elaborada com base nos resultados da investigação científica sobre "Criação e introdução de híbridos de bichos-da-seda de amoreira para condições ambientais extremas".

Revisores:

***U.Daniyarov*** - Doutor em Ciências Agrícolas, Professor

***B.Zholybekov*** - Doutor em Ciências Agrícolas, Professor

Recomendado para publicação pelo Conselho Académico do Instituto de Agricultura e Agrotecnologia de Karakalpak (Ata n.º 3 de 6 de fevereiro de 2024)

# INTRODUÇÃO

[1]De acordo com a Comissão Internacional do Bicho-da-Seda, o Usbequistão é o terceiro maior produtor mundial de casulos (1,2% da produção mundial), com um rendimento de 56,9 kg por caixa de grão. A localização geográfica do Usbequistão torna-o atrativo e, ao mesmo tempo, problemático para a criação do bicho-da-seda da amoreira, uma vez que o Usbequistão possui zonas com condições ambientais favoráveis e difíceis.

A criação do bicho-da-seda da amoreira em zonas com condições ambientais extremas e as alterações globais das condições meteorológicas e climáticas no globo ditam urgentemente a necessidade de desenvolvimento intensivo de novos métodos de seleção e reprodução de plantas e animais adaptados às condições ambientais alteradas.

Sem dúvida, a República de Karakalpakistan difere significativamente de outras regiões do país, não só em termos de tempo e clima, mas também de características do solo, disponibilidade de água e outras condições.

A criação de populações de reprodutores que proporcionem um nível normal de crescimento, desenvolvimento, reprodução e produtividade de seda em condições menos favoráveis reflecte o interesse da indústria de criação de seda em obter rendimentos elevados de casulos em regiões com características zonais significativamente diferentes.

Assim, a criação e introdução de híbridos de bicho-da-seda de amoreira para condições ecológicas extremas é um problema urgente da criação de seda.

A exigência da realização de trabalhos de investigação no âmbito da dissertação decorre das tarefas específicas definidas no Decreto Presidencial PP-2856 "Sobre as medidas para

[1]www. Inserco.org/.

Organização das actividades da Associação de Uzbekcipaksanoat" [1;p.1-5] [1;p.1-5] de 29.03.2017 e PP-2460 "Sobre medidas para o desenvolvimento e a reforma da agricultura em 2016-2010" [2;p.5-7] de 29.12.2015 e no Decreto do Conselho de Ministros da RUz n.º 616 de 11.08.2017. "Sobre o programa de medidas para o desenvolvimento abrangente da indústria de criação de seda em 2017-2020" [3; p. 5-6] [3; p. 5-6], para aumentar a produção de grena e casulos de raças e híbridos nacionais, melhorar a sua qualidade correspondente às normas internacionais e, assim, aumentar as oportunidades de exportação da indústria da seda.

A estratégia de acções para um maior desenvolvimento da República do Usbequistão para 2017-2021 prevê o desenvolvimento da agricultura, incluindo a criação do bicho-da-seda. Neste aspeto, reveste-se de particular importância a investigação em matéria de melhoramento genético no sentido do desenvolvimento de novos métodos altamente eficazes de seleção, trabalho de melhoramento, bem como a criação de novas raças e híbridos do bicho-da-seda da amoreira com elevada produtividade e propriedades de qualidade dos casulos em condições ambientais extremas.

Vários decretos governamentais definem as tarefas da sericultura e as medidas para as realizar. Por exemplo, o Decreto do Presidente da República do Usbequistão "Sobre medidas para organizar as actividades da associação "Uzbekipaksanoat"", de 29 de março de 2017, indica que uma das tarefas prioritárias é "Criação e introdução de raças altamente produtivas de genética do bicho-da-seda da amoreira, aumento gradual da sua produção para reduzir as importações e satisfazer plenamente as necessidades internas da República no futuro". Este trabalho contribui para a solução desta tarefa e é realizado de acordo com as direcções prioritárias de desenvolvimento da criação do bicho-da-seda no Uzbequistão.

Não há dúvida de que as raças de bicho-da-seda de amoreira da seleção usbeque, durante dezenas e mesmo centenas de gerações de criação, formaram genótipos e populações que mantiveram uma taxa de sobrevivência mais elevada, uma conversão eficaz de alimentos específicos em seda em condições menos favoráveis de alta temperatura e baixa humidade relativa na nossa região.

No entanto, apesar do facto de o Uzbequistão ter acumulado uma grande experiência na criação de raças e híbridos do bicho-da-seda da amoreira, combinando maior rendimento e qualidade do casulo em zonas de reprodução temperadas, [32;p.21-25], [38;p.102-111], [52;p.3-19], [58;p.3-100], [76;p.4-66], [85;p.3], [89;p.1-49], [93;p.42-51], [97;p.59], [104;p.143], [108;p.3-7], [113;p.28-31], [114;p.3-20], [121;p.92], [124;p.31], [129;p.51-54] até à data não existiam raças e híbridos do bicho-da-seda da amoreira recomendados para forragear em condições ecológicas extremas do Caracalpaquistão.

# PARTE PRINCIPAL

# CAPÍTULO I

## REVISÃO DA LITERATURA

A peculiaridade geográfica do Usbequistão é a presença de diferentes zonas ecológicas e climáticas no território do país, que diferem em termos de temperatura do ar, presença ou ausência de recursos hídricos e diferentes graus de insolação. Este facto impõe a necessidade de criar variedades especiais de plantas e raças de animais orientadas para um determinado terreno. Só assim será possível obter rendimentos suficientes de produtos agrícolas, incluindo casulos de bichos-da-seda de amoreira.

Atualmente, a maioria dos híbridos zonados do bicho-da-seda da amoreira corresponde a zonas de clima temperado: Regiões de Fergana, Andijan, Tashkent, Namangan, Samarkand, Jizzak e Syrdarya. Nas regiões ecologicamente desfavoráveis, como Karakalpakstan, Surkhandarya e Kashkadarya, não existem híbridos de bicho-da-seda nem variedades de bicho-da-seda adaptadas às suas condições climáticas. Por conseguinte, o rendimento de casulos em Karakalpakstan (56,8 kg), especialmente em alguns distritos (Chimbay-41,7 kg), é muito inferior ao rendimento de casulos em todo o país - 57,8 kg.

O objetivo deste estudo é selecionar raças e híbridos do bicho-da-seda da amoreira, capazes de realizar plenamente o seu potencial genético nas difíceis condições ambientais do Karakalpakistan. O objetivo final do trabalho é efetuar uma mudança de raça em grande escala no território da república com a introdução na produção de raças e híbridos do bicho-da-seda da amoreira recomendados neste estudo.

Os objectivos estabelecidos implicam a análise das propriedades economicamente valiosas de um grande número de raças e híbridos, criados em anos diferentes no Instituto de Investigação de Criação de Seda. Atualmente, o Instituto de criação de seda é o centro científico mais importante da Ásia Central, onde se desenvolvem as bases teóricas da seleção, genética, criação, reprodução, produção de grenina, controlo de doenças e mecanização da criação de seda.

Desde a sua organização (1927), foi criada e mantida no Instituto de Investigação Científica da Criação do Bicho-da-Seda (SRI) uma coleção de raças do bicho-da-seda da amoreira. Entre as regiões produtoras de seda da Ásia Central, esta é a única coleção viva, para a qual foram importadas, durante muitos anos, raças de diferentes zonas geográficas - Japão, China, Azerbaijão, Geórgia, Ucrânia, Rússia, etc. A coleção viva de raças do bicho-da-seda da amoreira é uma coleção única do património genético mundial deste importante objeto científico e agrícola. A coleção contém 120 raças de 12 zonas ecológicas do mundo. Representa quase toda a diversidade genética do bicho-da-seda da amoreira.

Cada um destes grupos caracteriza-se por uma determinada duração do ciclo de vida, constituição dos indivíduos, resistência às doenças, rendimento, tamanho, forma e qualidade dos casulos, etc. Uma caraterística importante de uma raça é a sua voltinidade (voltinismo), ou seja, a sua capacidade de produzir uma (monovoltinismo), duas (bivoltinismo) ou mais (polivoltinismo) gerações por ano em condições que imitam as naturais (temperatura mais baixa na incubação da primavera e mais alta na incubação do verão). Na maioria das raças, a fase larvar divide-se em quatro mudas e cinco instares, mas há raças com três mudas.

A coleção de raças do bicho-da-seda da amoreira no NIIH constitui uma base científica para a definição e resolução de muitos problemas fundamentais e práticos da criação de animais para produção de seda. O interesse pela coleção mundial de raças do bicho-da-seda da amoreira do NIIH sempre se manifestou. Os cientistas têm-se dirigido repetidamente aos materiais da coleção única de fundo genético deste importante objeto científico. Por exemplo, os componentes dos híbridos Ipakchi 1 x Ipakchi 2, Ipakchi 2 x Ipakchi 1, amplamente introduzidos na produção, foram criados com base na coleção da raça SANIISH 30 com atração de partenoclones como melhoradores. Os componentes dos híbridos zonados AGU-112 x UzNIISH 9, UzNIISH 9 x AGU-112 destinados a engorda repetida foram criados a partir das raças de coleção TashSKHI-112 e SANIISH-9 [52;p.3-19]. Todos os clones partenogenéticos atualmente disponíveis foram obtidos a partir das raças de coleção SANIISh 30, Mechnaya 1, Mechnaya 2, Baghdadskaya [110;p.3-324], [19;p.136-140], [113;p.28-31], [50;p.3-27], [49;p.25-27]. Todas as raças com marcação de sexo atualmente disponíveis foram criadas com base em raças de coleção de SANIISH 30, Biv.111 e outras e em linhas genéticas [106;p.52-72], [107;p.5-6], [135;p.9], [132;p.3-42], [112;p.343-349], [113;p.28-31], [108;p.3-7], [103;p.50].

Os clones partenogenéticos e as raças marcadas pelo sexo são utilizados para criar novas raças e novos híbridos altamente heteróticos, 100% puros [24;p.130-141], [46;p.22-24], [103;p.50], [105;p.145], [75;p.35]. As raças da coleção que possuem um fio de casulo fino são utilizadas na criação de novas raças e híbridos de bicho-da-seda da amoreira [129;p.51-54], [72;p.45-51]. Os componentes do tetra-híbrido 3 Belokokonnaya 1, Belokokonnaya 2, SANIISH 8, SANIISH 9, amplamente zoneados no devido tempo, têm a sua origem nas raças de coleção Chinese 108, Yaponskaya 127, Bagdadskaya [97;p.59].

Para resolver com êxito as tarefas definidas no estudo, é necessário, antes de mais, introduzir linhas, raças e híbridos de bicho-da-seda da amoreira que sejam fundamentalmente novos para Karakalpakstan e altamente viáveis e produtivos. Por conseguinte, foi dada especial atenção às raças geneticamente modificadas e aos clones partenogenéticos, nunca antes criados em Caracalpaquistão.

É bem conhecido que o bicho-da-seda da amoreira é criado em todo o mundo apenas como híbridos de primeira geração, a fim de maximizar o efeito da heterose [153;p.9-23], [154;p.29-38], [155;p.11-17], [160;p.56-62], [162;p.307-310].

Infelizmente, existem sérios obstáculos para maximizar o efeito da heterose do bicho-da-seda da amoreira, em particular, a impossibilidade de obter híbridos puros não contaminados pelo material parental [158;p.3915-3923], [161;p.187-192], [163;p.42-59].

A preparação de vermes híbridos para engorda industrial, não contaminados com ovos de raça pura, é uma tarefa tecnicamente difícil. O facto é que as traças do bicho-da-seda da amoreira acasalam imediatamente após terem saído dos seus casulos, produzindo assim raças de raça pura. Para evitar o acasalamento dentro de cada raça, é necessário separar previamente as fêmeas e os machos, mesmo antes de saírem dos casulos, a fim de cruzar as fêmeas de uma raça com os machos de outra. Dezenas de milhões de indivíduos são sujeitos à separação de sexos. Entretanto, os métodos de separação dos sexos do material de reprodução para efeitos de hibridação são inexactos ou muito trabalhosos.

Por exemplo, o método de divisão dos casulos por sexo utilizado no Uzbequistão, baseado nas diferenças de peso entre os sexos opostos, devido à sobreposição dos pesos das fêmeas e dos machos, permite que menos de metade das fêmeas e dos machos separados sejam afectados a uma tribo a partir de um lote de casulos, e depois com um grande erro no grupo de cada sexo.

Análises de gren industrial mostraram que contém apenas 20-25% de ovos híbridos, enquanto os restantes ovos são de raças de origem materna [110;p.3-324].

O entupimento da grena híbrida com as raças parentais originais conduz a uma diminuição do rendimento do casulo, aumenta a heterogeneidade da matéria-prima do casulo, desorganiza o trabalho dos criadores que visam a criação de raças que dêem, antes de mais, híbridos altamente produtivos. Por último, a sericultura é privada da perspetiva de utilizar raças e linhagens que dão origem a uma forte heterose nos híbridos. Está provado na teoria e na prática que, em todos os sectores agrícolas, se obtêm híbridos com uma heterose elevada, em especial, como resultado do cruzamento de formas algo deprimidas. É evidente que a contaminação por formas parentais enfraquecidas de grena híbrida industrial em 75-80% reduz de tal forma o rendimento que a sua introdução posterior se torna impossível. No entanto, o desenvolvimento e a melhoria da criação de seda são impensáveis sem uma preparação exacta da grena híbrida industrial. Isto só é possível com uma separação exacta do material de elite em grupos separados de fêmeas e machos. Este problema pode ser resolvido por métodos genéticos.

O desenvolvimento e o melhoramento da criação de seda são impensáveis sem a preparação exacta de galinhas híbridas industriais. Tal só é possível com uma separação exacta do material de elite em grupos separados de fêmeas e machos. Para o efeito, foram efectuados no NIISH trabalhos de investigação sobre a criação, pelo método da radiação, de uma raça marcada pela caraterística sexual da coloração dos ovos. Estes estudos foram efectuados por [106;p.52-72]. [107;p.5-6], [77;16], [78;p.12]. Como resultado, foram obtidas raças marcadas pelo sexo, em que os ovos femininos têm uma cor escura normal, enquanto que nos ovos masculinos não é produzido qualquer pigmento e estes têm um aspeto amarelo palha. Por este facto, o sexo é inequivocamente reconhecido pela borboleta no segundo dia após a postura dos ovos, logo que o pigmento se forma nas células da membrana serosa. Os ovos podem ser automaticamente separados por sexo através de instrumentos de alto desempenho que utilizam um "olho eletrónico".

Exemplos de aplicação bem sucedida de tais raças são os híbridos C-13 x C-14, C-14 x C-13, zonados em algumas regiões do Uzbequistão com uma

1989 (certificados de invenção n.º 9003649 e n.º 9003630), bem como os híbridos Meechenna 1 x Meechenna 2 e Meechenna 2 x Meechenna 1, introduzidos na produção desde 1990 (certificados de invenção n.º 9103805 e n.º 9103813). As raças Meechennaya 1 e Meechennaya 2 são divididas por sexo com base na coloração das lagartas.

A presença, na coleção do bicho-da-seda da amoreira, de raças prontas a utilizar e com sexo determinado proporciona condições para a criação de híbridos com 100% de pureza na preparação da grena. Muitas destas raças foram reproduzidas na coleção ao abrigo do esquema de reprodução em grupo, pelo que foi efectuada uma seleção redutora com elas.

A utilização de raças marcadas pelo sexo para criar híbridos com 100% de pureza da preparação de gérmenes é apenas uma das muitas opções que podem ser obtidas através da utilização de raças de coleção. Por exemplo, são observados bons efeitos quando se utilizam raças marcadas pelo sexo e clones partenogenéticos como componentes para criar híbridos com 100% de pureza.

As propostas de utilização de clones femininos como um dos parceiros da hibridação industrial surgiram imediatamente após o desenvolvimento de [19;pp.136-140], [22;pp.77-81], o método ameiotico de partenogénese, produzindo apenas descendentes do sexo feminino. E este facto não é acidental. A questão é que a utilização do partenoclon como parceiro de hibridação exclui completamente o trabalho de reprodução com este material, porque o genótipo do clone não muda em gerações sucessivas, não há necessidade de separação de sexos e a taxa de reprodução aumenta aproximadamente duas vezes devido ao facto de a grena partenoclon se desenvolver apenas em fêmea. Estas formas maternas são especialmente valiosas para o cruzamento com machos de raças genéticas especiais portadores de letais nos cromossomas sexuais Z e dão origem a híbridos de forma masculina quando cruzados com fêmeas de quaisquer raças. Neste caso, não é necessário preparar o dobro do material de reprodução nas fases anteriores, como é feito na criação de raças bissexuais. Isto é indicado nos seus trabalhos [166;p.49], [167;p.53], [159;p.3- 50].

Sabe-se que os clones ficam atrás das raças normais em termos de produtividade devido à depressão causada pela reprodução partenogenética, que não é típica desta espécie. No entanto, a coleção mundial de bichos-da-seda da amoreira contém partenoclones com qualidades produtivas normais para as fêmeas [76;p.4-66].

As dificuldades técnicas de ativação de muitas centenas de milhares de ninhadas para a conversão para a via partenogenética foram agora resolvidas.

Tudo isto indica a existência de pré-requisitos reais para a criação c aplicação de clones ameióticos partenogenéticos para a hibridação industrial do bicho-da-seda da amoreira [103;p.50], [113;p.28-31], [110;p.144-170] Anteriormente, já tinha sido criado um híbrido de reprodução clonal 5140pk x C-5, que desde 1992 foi introduzido em algumas regiões do Uzbequistão e deu um bom rendimento.

Para além disso, é preciso ter em conta as vantagens da hibridação com clones. Os partenoclones são representados por um único sexo - fêmea, pelo que não há necessidade de dividir os casulos por sexo. As plantas reprodutoras recebem casulos dos quais só se sabe que emergem fêmeas. O segundo componente para os híbridos podem ser machos de quase todas as raças. Uma vez que os machos saem dos casulos mais cedo do que as fêmeas, não é muito difícil recolhê-los. Por conseguinte, não há necessidade de efetuar a operação dispendiosa, morosa e muito imprecisa de separar os casulos por sexo. Assim, todas as condições para a criação de híbridos 100% puros, não contaminados pelas raças parentais, podem ser facilmente organizadas nas explorações de criação.

A utilização de híbridos de raças parciais na indústria da seda apresenta várias vantagens muito importantes.

1. Os híbridos FI obtidos a partir do cruzamento de fêmeas partenoclónicas com machos convencionais diferem dos híbridos convencionais não só por uma maior rusticidade, mas também por uma igualização em todos os caracteres. Isto deve-se ao facto de todas as fêmeas envolvidas no cruzamento serem cópias geneticamente idênticas. O genótipo da raça-mãe não se altera ao longo das gerações, pelo que os híbridos industriais devem manter-se constantes de ano para ano, tanto em termos de características convencionais de valor económico como de heterose.

2. A constância genética das fêmeas partenoclonais permite excluir completamente o trabalho de reprodução dispendioso e intensivo em instituições de investigação e nas estações de criação do bicho-da-seda. O ciclo deste trabalho é igual a 4 anos. Ao mesmo tempo, a constância das fêmeas também permite aumentar drasticamente o volume relativo de casulos seleccionados para reprodução a partir da massa total de todos os casulos recebidos, uma vez que a seleção entre eles perde todo o sentido. Entretanto, com a tecnologia habitual de preparação da grena ao nível da super-elite, cerca de 15% e ao nível da elite - 40% dos casulos são retirados para reprodução do volume total do lote de casulos recebidos, cada quilograma dos quais é muito mais caro do que um quilograma de casulos industriais.

3. A presença de fêmeas únicas em partenoclones é também útil para a produção, pois permite a preparação de galinhas híbridas com 100% de pureza sem recorrer aos

métodos habituais, muito morosos, dispendiosos e muito imprecisos, de separação das fêmeas dos machos na fase de casulo para efeitos de hibridação entre raças. Para o cruzamento com fêmeas partenogenéticas, podem ser utilizados machos de uma raça com galinhas marcadas pelo sexo. Estes podem ser capturados em metade do número de machos para efeitos de dupla utilização.

4. A propensão dos indivíduos para a partenogénese está correlacionada com uma elevada capacidade combinatória nos híbridos, o que aumenta o efeito da heterose.

Além disso, os partenoclones podem ser utilizados no trabalho de reprodução. Entre os casulos híbridos, podem selecionar-se os melhores, cujas fêmeas virgens podem ser estimuladas para o desenvolvimento partenogenético. Os híbridos assim clonados serão cruzados com machos de raças adequadas. Os descendentes dessas famílias serão então utilizados para uma seleção posterior, como é habitual no método de seleção individual. Numerosos dados experimentais atestam a boa transmissão da sedosidade das mães partenogenéticas aos descendentes de ambos os sexos obtidos a partir do cruzamento de clones com machos comuns. Por conseguinte, já 4-5 gerações de tais linhas estarão suficientemente consolidadas e servirão de base para a criação de uma nova raça. No método habitual de seleção de pares parentais (reprodução familiar, seleção rígida a longo prazo, teste do híbrido), a criação de um híbrido demora 8-10 anos. As vantagens da utilização de partenoclones na reprodução são óbvias.

O efeito económico da introdução de híbridos puros de raças clonais pode ser elevado, porque hoje em dia a colmatação de híbridos com raças originais atinge, de acordo com diferentes fontes, 50-70% [110;p.3-324], ou seja, as vantagens da hibridação na criação de seda não são utilizadas mais de 30%. A utilização de híbridos de raças clonais conduzirá a uma heterose de 100%.

O efeito económico da introdução de híbridos puros de raças clonais pode ser elevado, porque hoje em dia a colmatação de híbridos com raças originais atinge, de acordo com diferentes fontes, 50-70% [110;p.3-324], ou seja, as vantagens da hibridação na criação de seda não são utilizadas mais de 30%. A utilização de híbridos de raças clonais conduzirá a uma heterose de 100%.

As vantagens da hibridação entre raças já foram referidas. Importa agora referir que a participação de raças sexuadas nos híbridos facilita ainda mais a tarefa, uma vez que as centrais de reprodução recebem casulos partenoclonais constituídos apenas por fêmeas e casulos de machos de raças sexuadas. Ao selecionar os casulos clonais para reprodução, a maioria dos casulos (83-87%) permanece para reprodução, uma vez que estes casulos são geneticamente homogéneos. Os casulos de machos da raça com marcação de sexo são seleccionados de acordo com as regras existentes. Os híbridos entre o clone e a raça marcada com o sexo são fáceis de preparar e têm 100% de pureza [113;p.28-31]. A coleção mundial de raças do bicho-da-seda da amoreira pode fornecer material para a criação de híbridos 100% puros [76;p.4-66].

Todos estes factos são de especial interesse e indicam uma possibilidade real de utilizar raças determinadas pelo sexo e clones partenogenéticos para a engorda industrial no Karakalpakistan.

Os criadores de bichos-da-seda criaram muitas raças de bichos-da-seda da amoreira, que diferem entre si por determinadas características [85;p.3], [86;p.3], [105;p.145], [102;p.79]. Assim, nas raças sexuadas, no estádio de grena, as lagartas fêmeas saem da grena escura e as lagartas macho saem da grena clara. Nas raças marcadas por sexo na fase de lagarta, as fêmeas têm máscaras e os machos são de cor branco-leitosa, sem máscaras. Algumas das raças criadas são de importância industrial, muitas raças são preservadas na coleção viva do bicho-da-seda da amoreira e são utilizadas em trabalhos de reprodução - genética e investigação.

As raças do bicho-da-seda dividem-se em três grupos, de acordo com o tipo de desenvolvimento: polivoltinas, bivoltinas e monovoltinas. As raças polivoltinas produzem três a oito gerações por ano, são muito viáveis mas pouco produtivas. As raças bivoltinas produzem duas gerações por ano, são mais viáveis do que as raças polivoltinas e são mais produtivas. As raças monovoltinas dão uma geração por ano, são menos viáveis do que as raças polivoltinas e bivoltinas, mas são mais produtivas, caracterizando-se pelo aumento do peso e da sedosidade dos casulos. No entanto, caracterizam-se também por uma maior exigência em termos de condições de criação.

Os investigadores, quando seleccionam material para criar novas raças e híbridos para a primavera e a recria, têm sempre em conta as condições extremas Repúblicas da Ásia Central e características económicas e biológicas desta ou daquela raça. Por exemplo, as raças monovolt SANIISH-8 e SANIISH-9 [124;p.31] foram utilizadas na produção para engorda na primavera e eram componentes de híbridos complexos - Tetrahybrid-3 $ (SANIISH-8 x Belokokonna-1) x $ *(SANIISH-9 x* Belokokonna-2) e Tetrahybrid-4 $ (SANIISH-9 x Belokonna-2) x $ (SANIISH-8 x Belokonna-1). Estes híbridos complexos foram zonados e cultivados em produção durante mais de 40 anos.

A raça bivoltina TashSKHI-112 e a raça monovoltina SANIISH-9 foram utilizadas há mais de 35-40 anos e são atualmente utilizadas para a realimentação [52;p.3-19].

Os trabalhos de vários cientistas [108;p.3-7], [52;p.3-19], [123;p.8] fornecem métodos de criação de raças produtivas, e é de notar que, ao criar raças bivoltinas, é necessário prestar especial atenção à auto-vitalização da grena.

## § 1.2. Parâmetros genéticos como base teórica para a seleção de bichos-da-seda da amoreira

Ao criar raças e híbridos para diferentes épocas de alimentação e diferentes zonas climáticas, os criadores enfrentam grandes desafios: as raças e híbridos criados devem ter um bom renascimento da grena, o rendimento da seda deve satisfazer os requisitos das empresas industriais, as raças devem ser resistentes a doenças. Muitos cientistas estudaram estas questões [151;p.624-631], [153;p.9-23], [156;p.53-59], [157;p.147-156].

Para executar as tarefas definidas e evitar as consequências negativas decorrentes das condições climáticas desfavoráveis da primavera, verão e outono, é necessário prestar especial atenção ao estudo e ensaio de raças e híbridos do bicho-da-seda da amoreira em zonas ecologicamente desfavoráveis, com posterior seleção em condições extremas do verão e do final do outono.

A melhoria da qualidade da forragem não é de somenos importância. Para este efeito, é necessário introduzir amplamente na produção variedades zonadas de amoreira altamente produtivas e formas promissoras de variedades candidatas, por exemplo, Jar-Aryk 1, 2, 3, 4, 5, 6 e outras. Muitas destas variedades já foram lançadas - Jar-Aryk 7,8, Holodnostepskaya-6, Zimostoyky, Mankentsky, Oktyabrsky, Pionersky, SANIISH-33, SANIISH-34, Surkh-tut, Holodnostepskaya-seedless, Uzbek, Jar-Aryk-2, Jar-Aryk-4, Jar-Aryk-5, Jar-Aryk-9, Jar-Aryk-10 [69;p.5].

Com a introdução de variedades promissoras de bicho-da-seda na produção, a base forrageira da criação do bicho-da-seda é rapidamente reforçada.

Uma série de pesquisas científicas são dedicadas ao problema da criação e introdução de novas raças e híbridos altamente produtivos de bichos-da-seda. Por exemplo, [121;p.92]; [44;p.121-125]; [11;p.34]; [91;p.13]; [114;p.p.3-20], em resultado dos quais, após uma investigação meticulosa e testes na produção nos últimos anos, foram recomendadas para introdução as raças: Orzu, Yulduz, Ipakchi-1, Ipakchi-2, Uzbequistão-5, Uzbequistão-6, Turon-1, Ipakchi-1 x Ipakchi-2, Ipakchi-2 x Ipakchi-1. Os híbridos AGU-112 x UzNIISH-9, UzNIISH-9 x AGU-112 foram criados para forrageamento repetido [52;p.3-19].

O papel da criação de animais na intensificação da agricultura é enorme. Atualmente, é impossível limitarmo-nos aos êxitos alcançados na criação do bicho-da-seda no Usbequistão. Com base na biotecnologia e na engenharia genética, é necessário reforçar o trabalho de criação e introdução na produção de novas raças, variedades e híbridos altamente produtivos, resistentes a condições ambientais desfavoráveis e que satisfaçam os requisitos das tecnologias intensivas.

A ideia de que é possível desenvolver métodos de seleção melhores e mais eficazes foi desde há muito expressa pelos cientistas, [129;p.51-54]; [124;p.31]; [99;p.13-14]; [104;p.143], [107;p.5-6], [106;p.52-72]; [88;p.7], [89;p.1-49]. [46;p.22- 24], [58;p.3-100], [73;p.50], [76:p.4-66], [72;p.45], [74;p.45], [140;p.60], [141;p.96- 97], [142;p.87-118]. Foram criadas raças e híbridos de alto rendimento do bicho-da-seda da amoreira, adequados a condições extremas de manutenção.

Durante muitos anos, na República do Usbequistão, não se praticou a criação de híbridos de bicho-da-seda de amoreira especificamente para cada região, porque o plano de colheita de casulos era cumprido por uma engorda de primavera [85;p.3], [86;p.3], [59;p.1-89].

Atualmente, é necessário repetir a desparasitação. Para a época de desparasitação de verão, foram criadas as raças TashSKHI-112 e SANIISH-9, que se encontram na coleção viva do Instituto de Investigação de Criação de Seda [52;p.3.3- 19].

O bicho-da-seda da amoreira (Bombyx mori L) é criado em casa há mais de cinco mil anos. Através da utilização de vários métodos de seleção, a sedosidade do casulo aumentou 8-10% em relação ao nível de sedosidade original. Durante muitos anos de trabalho na criação de raças e híbridos, os criadores, juntamente com os geneticistas, conseguiram aumentar o teor de seda no casulo de 13-14% para 23-24%, e as raças

oferecidas à produção pelo teor de seda atingiram 25%, 26%  [125;p.16-30];
[101;p.13]; [82;p.50]; [100;p.17]; [90;p.34];
[74;c.45].

A classificação geralmente reconhecida da seleção reflecte-se nos trabalhos de C. Darwin. Todos os tipos de seleção visam identificar, de entre numerosas populações, os indivíduos que contribuem para a realização do objetivo pretendido pelo programa de investigação.

Vários académicos: [118;p.37], [119;p.64]; [144;p.210-245]; [145;p.84-112], [146;p.87-118]; [147;p.3-60], [143;p.21-40]; [92;p.1-28]; [148;p.95-118])

Verificou-se que, com a cessação da seleção na fase final da reprodução, a produtividade dos bichos-da-seda da amoreira diminui significativamente. No Instituto de Investigação de criação do bicho-da-seda, na criação de linhas e raças para diferentes zonas e épocas de alimentação do bicho-da-seda, é utilizada a seleção individual e familiar: [47;p.12- 14]; [48;p.26-28], [49;p.25-27], [50;p.3-27], [51;p.23-24]; [134;nota do autor]; [54;p.3- 30], seleção pelo peso da lagarta e da pupa [63;p.59]; método de seleção de borboletas machos pela fertilização máxima das fêmeas: [93;p.20]; método de seleção de borboletas pelo tamanho do corpo: [87;p.32]; seleção de famílias pelo peso médio dos ovos: [115;p.5-8]; [128;p.1-8]; [80;p.9]; [18;p.12]. Foram desenvolvidos vários métodos de seleção de famílias de reprodutores para resistência a doenças: [81;p.20]; [16;p.26-28]; [17;p.9-10]; [71;p.86-99]; [34;p.223-228]; [56;p.23-28]; [39;p.9], [40;p.22].

Cientistas turcomanos [82;p.50],  [83;p.33-34] provaram a ligação
a viabilidade dos ovos com a viabilidade das lagartas, o que confirma os dados dos cientistas do NIISH [124;p.31], [110;p.3-324], que nos seus estudos observaram que a descendência das borboletas que emergiram dos casulos nos últimos dias é menos viável, [98;p.10-11], [99;p.13-14] afirma que a seleção da duração da vida das borboletas macho leva a uma maior viabilidade da futura descendência. [102;p.79] duas raças tolerantes ao calor, SANIISH 23 e SANIISH 24, foram criadas num regime de temperaturas elevadas. [12;p.18-19], [13;p.66-68] oferece um método de seleção de lotes de casulos reprodutores por sedosidade. [32;p.9-10], [33;p.21-25] estudaram o problema do pagamento da alimentação.

Muitos trabalhos revelam também o problema das fontes de variabilidade do material primário. Muitos trabalhos [2;p.23], [3;p.18], [7;p.32], [4;p.9-61], [6;p.9-61], [4;p.9-61], [3;p.18], [3;p.18], [7;p.32], [4;p.9-61], [6;p.17], [8;p.125-131], [9;p.13-21], [10;p.102-105]; [42;p.184-185]; [84;p.28-30]. Os trabalhos [31;p.10-15] são dedicados ao estabelecimento do coeficiente de herança de características economicamente valiosas do gado em condições de clima quente.

No domínio da criação de bichos-da-seda, foram efectuados os primeiros estudos sobre o estabelecimento dos índices de hereditariedade das características de criação do bicho-da-seda da amoreira [110;p.3-324], [107;p.5-6]. [2]A eficiência da seleção mecanizada de casulos de reprodução foi prevista pelo coeficiente de herdabilidade da sedosidade dos casulos (h ), igual a 0,5.

No último período, foram realizados estudos sobre a variabilidade e a herdabilidade das principais características de valor económico: viabilidade, peso do casulo, seda, comprimento e espessura do fio do casulo, propriedades reprodutivas [1;p.81-91], teor de sericina na bainha do casulo [95;p.18], [94;p.9-20].

Do que precede se conclui que a criação do bicho-da-seda da amoreira é efectuada em diferentes direcções, utilizando diferentes métodos e formas de seleção. A possibilidade de seleção deve-se à variabilidade das populações. Com base nestas alterações, o criador-geneticista selecciona a variação dos indivíduos em função da estrutura corporal, das propriedades fisiológicas e de outras propriedades, a que se chama variabilidade. A fonte de variabilidade dos traços são as diferenças nos genótipos e nas condições ambientais. Este facto foi esclarecido em estudos [163;p.42-59], [164;p.992-997], [149;p.57-61], [150;p.478-486].

Publicações [124;p.31]; [125;p.16-30]; [89;p.1-49]; [60;p.83-89]; [38;p.102-111]; [98;p.10-11], [125;p.16-30]; [89;p.1-49]; [60;p.83-89]; [38;p.102-111]; [98;p.10-11], [99;p.13-14]; [97;p.12- 52]; [64;p.27=29]; [109;p.9]; [65;p.151]; [79;p.28].

Uma fonte mais promissora de reposição de material de reprodução é a obtenção de diferentes tipos de mutações em insectos, aves e animais, como indicado por [61;p.1-25]; [127;p.270]; [145;p.84-112], [146;p.87-118]; [37;p.63].

Os grandes êxitos da criação de peles (peles multicolores) baseiam-se nas mutações genéticas espontâneas dos processos evolutivos e nos métodos genéticos de reprodução destas mutações raríssimas, bem como nos métodos genéticos de análise dos seus efeitos, de seleção dos mutantes e de criação de formas resultantes da combinação de duas, três ou mesmo quatro mutações. Não é exagero dizer que a seleção na criação de peles assenta agora inteiramente em princípios genéticos. Isto é afirmado por [28;p.35-42]; [57;p.43-50]. Provavelmente, o mesmo poderá ser dito num futuro próximo sobre a seleção de várias formas coloridas de ovelhas Karakul.

Os grandes cientistas-genetistas B.L.Astaurov, N.K.Belyaev, N.P.Dubinin, M.I.Slonim, V.P.Efroimson deram um grande contributo para a criação prática e científica da seda. Publicaram uma série de trabalhos genéticos, importantes do ponto de vista teórico e prático. A ampla aplicação na criação científica e prática de seda dos novos tipos de reprodução desenvolvidos, como a partenogénese, a ginogénese e a androgénese, permitirá desenvolver métodos mais eficazes de criação do bicho-da-seda da amoreira.

De entre um grande número de mutações recebidas, é bastante provável que se possa destacar a mutação mais adequada para a seleção e ainda mais fácil de destacar os traços recessivos visíveis ligados ao sexo e os voláteis [135;p.9], ou seja, as mutações surgidas nos cromossomas X e sexuais. São detectadas na descendência do sexo heterozigótico, uma vez que aparecem nele numa só dose ou no estado homozigótico.

A obtenção mais eficaz de indivíduos modificados por partenogénese ameiotica e meiótica e androgénese no bicho-da-seda da amoreira reflecte-se nos trabalhos de V.A.Strunnikov [105;p.145]; [109;p.9], [107;p.5- 6].

### § 1.3. Influência do ambiente externo na manifestação de traços de produtividade do bicho-da-seda da amoreira

As condições externas desempenham um papel decisivo na realização do genótipo, na sua manifestação fenotípica mais completa. Desde os genes e os seus produtos proteicos primários até ao organismo fenotipicamente maduro, ocorre uma série de processos que podem ser influenciados, em graus variáveis, por factores ambientais e outras alterações. Estas relações complexas entre o genótipo e o ambiente são conhecidas como normas de resposta do genótipo.

Ao contrário de outras espécies de insectos, o bicho-da-seda da amoreira, como monófago estrito, alimenta-se exclusivamente de folhas de amoreira. O teor de nutrientes nas folhas pode variar consoante a variedade de amoreira e a técnica agrícola de plantação. Assim, [116;p.113-116] revelou experimentalmente diferenças varietais nos principais elementos (em gramas) do alimento ingerido por 100 lagartas:

| Variedade do bicho-da-seda | Azoto total | Azoto proteico | Açúcar | Gordura crua |
|---|---|---|---|---|
| Variedade SANIISH 14 | 13,30 | 11,87 | 26,28 | 12,24 |
| Variedade Tajik sem sementes | 15,72 | 14,07 | 35,55 | 15,36 |
| Em %% de SANIISH 14, considerado como 100% | 118,2 | 118,5 | 135,3 | 125,5 |

Na literatura especial sobre o bicho-da-seda, a influência das condições ambientais no crescimento, desenvolvimento e produtividade do bicho-da-seda da amoreira é abordada em pormenor. [102;p.79], [47;p.12-14] e outros autores mostraram o efeito combinado da quantidade e qualidade da alimentação, dos regimes higrotérmicos e das peculiaridades zonais no nível de produtividade do bicho-da-seda da amoreira.

Sabe-se que o bicho-da-seda da amoreira é um monófago estrito, que obtém das folhas da amoreira as substâncias necessárias para o seu crescimento, desenvolvimento e síntese da seda. Em anos com condições climatéricas e meteorológicas desfavoráveis, as folhas do bicho-da-seda não acumulam a quantidade necessária de nutrientes, pelo que as lagartas do bicho-da-seda enrolam casulos incompletos com peso e sedosidade reduzidos.

Foi publicada uma série de artigos sobre a utilização de diferentes ingredientes para o enriquecimento de folhas de amoreira forrageira.

Estudos sobre a importância dos ingredientes no aumento da produtividade também foram efectuados no bicho-da-seda do carvalho. Estes trabalhos incluem experiências [15;p.13-17], que estabeleceram a possibilidade de aumentar o teor de seda no casulo.

[90;p.34], [91;p.13] afirma que a criação de condições para uma realização mais completa do potencial genético do bicho-da-seda da amoreira com a aplicação do método de enriquecimento ou enriquecimento da folha forrageira do bicho-da-seda com compostos biologicamente activos abre possibilidades de enfraquecer a influência negativa da deficiência de elementos nutritivos e de humidade nas folhas do bicho-da-seda, formada em condições desfavoráveis com desvios climáticos acentuados, geadas, défice de precipitação, temperatura de fundo excessivamente elevada durante os períodos de seleção e reprodução na primavera.

Foram desenvolvidas novas variedades de amoreira por [43;p.27-29], [45;p.5], [66;p.33-35], [67;p.18-21], [68;p.26].

No nosso estudo, propomos melhorar as qualidades produtivas do bicho-da-seda da amoreira seleccionando variedades adequadas de amoreira com uma grande placa de folhas carnudas, com uma composição bioquímica óptima da folha forrageira.

[16;p.26-28], com base na sua investigação, propõe a realização de uma seleção por amostras de lotes de reprodução provenientes de locais de reprodução de plantas de drenagem.

[18;p.12] sugere a seleção de pares parentais pela sedosidade e granulosidade dos casulos do bicho-da-seda da amoreira. Utilizando este método, ele obteve duas linhas - Uzbequistão 1 e Uzbequistão 2.

Certos genes só se manifestam mais plenamente em certas condições de habitat, que podem ser muito específicas. Outro grupo de genes manifesta a sua ação apenas em combinação com outros genes [35;p.30-44]; [120;p.13-104]; [138;p.1-22]; [139;p.62]; [137;p.356-375]. Estas são as dinâmicas da expressão genética no processo de seleção, que introduz continuamente alterações na resposta normal do organismo.

Atualmente, a procura de seda natural está a aumentar. Até aos anos noventa, a criação de combinações híbridas de bichos-da-seda da amoreira nas condições de produção de uma alimentação de primavera satisfazia plenamente a necessidade de seda. Atualmente, a tarefa de engorda repetida está definida. Em condições de verão quente e seco, nem todas as raças são capazes de mostrar plenamente o seu potencial genético. Por conseguinte, a necessidade de criar e introduzir híbridos do bicho-da-seda da amoreira para condições ambientais extremas está a aumentar. Esses híbridos podem ser utilizados tanto em zonas com condições naturais difíceis como para a forragem repetida nas regiões do sul do Uzbequistão.

Os benefícios económicos da alimentação na primavera e da realimentação podem ser observados no exemplo da exploração experimental Jar-Aryk (Instituto de Criação de Seda), onde, após a forragem da primavera, resta uma grande quantidade de folhas de forragem não cortadas. Nos últimos anos, em Tashkent e no oblast de Tashkent, foi deixada muita massa de folhas não utilizada. Na maioria das explorações agrícolas, a folha não cortada permanece anualmente, o que faz com que, nos anos seguintes, o bicho-da-seda fique com folhas pequenas e sementes. Por conseguinte, o planeamento da engorda intermédia e de verão nas condições da economia de mercado trará um duplo benefício: colheita adicional de casulos e reforço do fundo de forragem no campo.

O êxito da alimentação no verão e no outono depende em grande medida do fornecimento de grenache de qualidade. Uma vez que a grena é preparada na primavera para o verão, era necessário desenvolver formas eficazes de eliminar a diapausa. Neste sentido, os primeiros estudos foram realizados por N. Koltsov. Este estudou o efeito da temperatura elevada, de vários ácidos orgânicos e inorgânicos, álcalis, drogas, agentes oxidantes, iodo e alguns líquidos fixadores na grena não fertilizada de espécies monovoltinas. A temperatura elevada e o iodo revelaram-se os activadores mais eficazes, mas, apesar disso, só foram obtidas 15 lagartas. Continuaram os estudos sobre os efeitos das temperaturas altas e baixas no desenvolvimento do bicho-da-seda da amoreira. Estes estudos vêm juntar-se à já vasta lista de trabalhos em que os efeitos da temperatura foram utilizados com grande sucesso para controlar o sexo do bicho-da-seda da amoreira. Assim, por exemplo, a partenogénese meiótica e ameiotica- [19;p.136- 140], a androgénese- [27;p.277-280], [26;p.3-21]; poliploidia- [24;p.130-141], [23;p.344-367]; controlo da volatilidade e eliminação da diapausa- [20;p.3- 21], [22;p.77-81], [19;p.136-140], [25;p.9]; [130;p.395-424], [131;p.28]; descontaminação vitalícia dos esporos de pebrina- [96;p.54-63]. Nos seus trabalhos, B.L.Astaurov observou, com razão, que a intervenção no processo de atividade vital do bicho-da-seda da amoreira deve ser levada a cabo pelos factores encontrados pelo organismo na natureza. Esta posição é bem confirmada pelos resultados das nossas experiências. A grena viável e a menos viável não diferem significativamente na resistência a factores não encontrados pelo organismo na natureza, contra a ação dos quais no processo de evolução não desenvolveram reacções especiais adaptadas, reduzindo significativamente o seu efeito nocivo.

Nas raças e híbridos de bichos-da-seda de cor branca e de alto rendimento, a produção de casulos diminui quando o início da engorda é tardio, principalmente devido à redução do peso do casulo. Assim, por exemplo, na experiência realizada por G.V.Priyezzhev no distrito de Tashkent, o peso médio dos casulos do híbrido SANIISH-8 x SANIISH-9 era de 2,40 g no início da alimentação, após o aparecimento do terceiro folheto no bicho-da-seda, e de 1,84 g quando o atraso era de 14 dias.

O efeito do ambiente externo (influência da temperatura) foi claramente observado nas condições de engorda repetida, quando alimentando a mesma muda do híbrido SANIISH E-1 x Belokokonnaya 1 e sua combinação inversa, em 1960 recebeu de uma caixa de muda do híbrido acima mencionado de 87 a 74 kg de casulos. No mesmo ano, na exploração situada nas proximidades, alimentando o mesmo híbrido com alimentação intermédia, obteve-se um rendimento médio de 40,3 kg de casulos a partir de 1 caixa de grena. Resultados positivos também podem ser vistos nos trabalhos: [55;p.11]; [122;p.8]; [75;p.35]; [132;p.3- 42].

São conhecidos os trabalhos de muitos investigadores sobre o impacto de vários factores, em particular o regime de temperatura, nas características biológicas e económicas de insectos e animais. Por conseguinte, a questão do efeito das altas temperaturas nos animais e da resistência dos organismos a condições extremas continua a ser relevante, e a realização de trabalhos neste sentido merece aprovação. Cientistas [84;p.28-30]; [136;p.16-17]; [126;p.16]; [53;p.11-15]; [117;p.48-49]; [62;p.10] e outros,

dedicaram as suas actividades de investigação ao estudo dos efeitos da exposição à temperatura nos processos vitais dos animais de criação.

A maior parte dos insectos não reage da mesma forma às mudanças externas de temperatura e humidade e a outros factores. O bicho-da-seda, no seu desenvolvimento, reage rapidamente a essas alterações. De acordo com os estudos realizados por E.F.Poyarkov [96;p.54-63], verifica-se que, sob a ação de temperaturas elevadas nas pupas-mãe durante a sua transformação em borboleta, ocorre a purificação de muitas doenças infecciosas, o que contribui para a recuperação da geração seguinte de bichos-da-seda. Os trabalhos [29;p.42], [30;p.11-12] provaram que a mudança de regime de temperatura no período de incubação primaveril afecta a vivacidade da larva e outros indicadores económicos. A partir dos trabalhos [14;p.32], [15;p.13-17] verifica-se que, mantendo o regime higrotérmico ótimo, se obtém a produtividade esperada dos bichos-da-seda, e quando este regime é violado, o peso do casulo e da sua casca diminui, assim como a viabilidade.

As repúblicas da Ásia Central caracterizam-se por temperaturas elevadas e baixa humidade, pelo que a criação de lagartas do bicho-da-seda da amoreira nestas regiões exige a seleção de instalações especialmente preparadas para a criação na primavera e no período intermédio, no verão e no verão-outono, com um regime de criação optimizado para raças e híbridos de cavalos brancos e forragens altamente nutritivas.

A criação e a seleção de raças e híbridos especiais de bichos-da-seda da amoreira desempenham um papel importante para o êxito da engorda intermédia, estival e estival-outonal. Foram efectuados muitos anos de investigação neste domínio [102;p.79]. O autor criou as raças resistentes ao calor SANIISH-23 e SANIISH-24 e os seus híbridos foram divididos em zonas em 1971 no Turquemenistão. Os principais parâmetros do híbrido direto SANIISH-23 x SANIISH-24 nas condições dos testes laboratoriais: peso do casulo - 2,31 g, rendimento do casulo de 1 caixa - 99,6 kg, comprimento total do fio do casulo - 1283 m, número métrico - 3150 unidades. Estes indicadores satisfazem as necessidades da indústria da seda do Turquemenistão.

Na altura, a maioria dos produtores defendia que, em caso de engorda repetida, o volume da engorda de primavera e da engorda intermédia devia ser muito maior do que o da engorda de verão, porque a engorda intermédia é efectuada com menos danos para a base forrageira do ano seguinte e proporciona um maior rendimento de casulos.

A utilização de granada preparada no ano anterior para a engorda repetida cria condições para a preparação de granada de alta qualidade nas fábricas de granada, reduzindo um número de processos de produção e aumentando o rendimento de granada a partir de casulos de reprodução.

O efeito das condições externas manifestou-se de forma fiável nas condições de produção.

Segundo os investigadores [55;p.11], verifica-se que os rendimentos da engorda intermédia e da engorda de verão são baixos, o que não é economicamente favorável à produção de seda. No entanto, o rendimento da engorda intermédia era superior em 10 kg ao da engorda de verão. Estas operações de engorda foram efectuadas há mais de 60 anos. Durante esse período, 15 híbridos do bicho-da-seda da amoreira, destinados à estação da primavera, foram colocados em zonas de criação de seda. Para a época de verão, A.A.Sheveleva e N.V.Shurshikova criaram os híbridos TashSKHI-112 x SANIISH-9 e SANIISH-9 x TashSKHI-112. Tendo em conta as necessidades da indústria da seda natural, R.K.Kurbanov e M.R.Kurbanova (NIISH) criaram a Linha-12 e a Linha-40 para condições estivais extremas, componentes dos híbridos Yozgi-1 e Yozgi-2, que foram objeto de zonagem em 1997.

Os criadores do bicho-da-seda sabem que é impossível obter seda crua de qualidade sem uma forragem de folhas de bicho-da-seda de qualidade. Os criadores do bicho-da-seda têm feito muito no sentido de criar variedades e híbridos de amoreira de elevado rendimento.

Sabe-se que o bicho-da-seda da amoreira, sendo um monófago estrito, obtém das folhas da amoreira as substâncias necessárias para o seu crescimento, desenvolvimento e síntese da seda. Em anos com condições climatéricas e meteorológicas desfavoráveis, as folhas da amoreira não acumulam a quantidade necessária de nutrientes, razão pela qual as lagartas do bicho-da-seda enrolam casulos incompletos com peso e sedosidade reduzidos.

Os criadores de bichos-da-seda procuraram as variedades de bichos-da-seda mais nutritivas e com carne longa e sem desvanecimento para a alimentação das lagartas nas forragens de verão e de outono fora de época. Nove variedades de rendimento foram recomendadas para uso em forragens fora de época. [32;p.9-10], [33;p.21-25] provaram que o aumento do rendimento dos casulos do bicho-da-seda da amoreira pode ser alcançado com o início atempado da forragem e a seleção adequada das variedades de amoreira.

No nosso estudo, propomos procurar melhorar as qualidades produtivas do bicho-da-seda da amoreira através da seleção de variedades adequadas de amoreira com uma grande placa foliar carnuda, com uma composição bioquímica óptima da folha forrageira. Foi efectuada uma pesquisa especial da literatura científica sobre o estudo, a avaliação e as recomendações para o sucesso da forragem de variedades de amoreira com melhores características.

As particularidades climáticas das Repúblicas da Ásia Central diferem das dos países do Leste e do Sudeste pela temperatura elevada e pela baixa humidade do ar. Por conseguinte, a criação de lagartas do bicho-da-seda da amoreira exige a seleção de certas variedades de bichos-da-seda e a preparação cuidadosa de instalações especiais que proporcionem um regime de criação ideal.

É sabido que os países da Ásia Central, Turquemenistão, Quirguizistão, Tajiquistão e Cazaquistão, cujo clima na estação primaveril de alimentação dos vermes é quase semelhante, cumpriram até agora o plano de colheita de casulos através de uma alimentação única, alimentando híbridos de bicho-da-seda de amoreira com casulos enrolados de cor branca. Aquando da realimentação, os países acima mencionados diferem bastante uns dos outros em termos de condições climáticas. O nosso país é considerado o mais adequado para a realimentação. Temos mais de dez variedades e híbridos de amoreira de alto rendimento e altamente produtivos introduzidos na produção para este fim.

Mas, infelizmente, o trabalho de introdução alargada de variedades de amoreira libertadas é muito lento.

Os híbridos recém-zonados do bicho-da-seda da amoreira também estão pouco difundidos na produção, em particular, os híbridos com participação de raças reguladas pelo sexo: C-13 x C-14, C-14 x C-13, Mech-1 x Mech-2, Mech-2 x Mech-1, híbrido clonal 100% puro de uma direção - 51.40 pk x Sovetskaya 5, bem como as raças não rotuladas Ipakchi-1, Ipakchi-2 e os seus híbridos Ipakchi-1 x Ipakchi-2, Ipakchi-2 x Ipakchi-1. Estes híbridos foram criados no final da década de noventa, passaram por ensaios estatais de três anos e de produção de dois anos, após o que foi autorizada a sua colocação em zonas do país. Entre os híbridos acima mencionados, apenas Ipakchi-1 x Ipakchi-2, Ipakchi-2 x Ipakchi-1 são amplamente introduzidos.

Como se pode ver na breve revisão da literatura, muito trabalho de investigação tem sido dedicado ao desenvolvimento de novas raças e híbridos do bicho-da-seda da amoreira, ao desenvolvimento de novas variedades de bicho-da-seda e seus híbridos, e ao desenvolvimento de novos métodos de criação do bicho-da-seda da amoreira. No entanto, até à data, a quantidade de casulos produzidos não é suficiente para fornecer à indústria têxtil matérias-primas suficientes para garantir que as matérias-primas sejam de alta qualidade. Por conseguinte, nos últimos anos, tem sido dada especial atenção à qualidade da seda crua.

Foi efectuada no NIISH uma avaliação complexa da aptidão das variedades para o forrageamento das lagartas do bicho-da-seda da amoreira em condições ecologicamente difíceis de forrageamento repetido. A avaliação efectuada tendo em conta os indicadores de desenrolamento, o rendimento em seda crua, o comprimento de produção do fio do casulo e o seu número métrico (finura) mostrou que as melhores variedades eram as melhores em termos de manifestação de características tecnológicas:

Jar aryk 4,

Tajiquistão sem sementes,

Oktyabrsky.

Da análise dos casulos sobre os indicadores tecnológicos obtidos em condições desfavoráveis de forragem no final da primavera, conclui-se que as características varietais da forragem influenciam não só a manifestação dos traços biológicos, mas também as características qualitativas do bicho-da-seda desenrolado.

Resumindo os resultados da pesquisa de literatura científica que reflecte experiências sobre a utilização de amoreira de diferentes variedades para aumentar o rendimento dos casulos do bicho-da-seda da amoreira, consideramos possível recomendar a alimentação das lagartas em condições extremas do Karakalpakistan com folhas de amoreira das variedades libertadas de Tajik sem sementes, Oktyabrsky e da promissora variedade Jar Aryk.

4, e utilizar estas variedades na alimentação de raças de seda fina e híbridas.

# CAPÍTULO II

# MATERIAL E METODOLOGIA DE INVESTIGAÇÃO

## § 2.1. Escolha de uma direção de investigação

A investigação foi realizada no laboratório de genética e reprodução do bicho-da-seda da amoreira no NIISH e na Universidade Agrária de Nukus de 2011 a 2017.

A escolha da direção da investigação é ditada pela necessidade de dotar a criação industrial do bicho-da-seda em Karakalpakistan de novas raças e híbridos de bicho-da-seda da amoreira, altamente produtivos e resistentes às condições ambientais desfavoráveis desta região. Esta orientação do trabalho determina os métodos de investigação correspondentes: análise, seleção, aprovação e seleção.

As raças e linhas contidas na coleção de bichos-da-seda da amoreira do NIISH [76;p.4-66]), bem como os híbridos criados no laboratório de genética e reprodução de bichos-da-seda da amoreira do NIISH [109;p.9], [113;p.28-31] foram utilizados neste trabalho. Os componentes destes híbridos são marcados com o sexo na fase de ovo das raças C-5, C-5ngl, C-7, C-9, C-10, C-12, C-13, C-14, marcados com o sexo na fase de lagarta das raças Mechnaya 1, Mechnaya 2, bem como das raças marcadas com o sexo SANIISH 30, Asaka, Markhamat, Atlas, Margilan, Ipakchi 1, Ipakchi 2 e clones partenogenéticos.

## § 2.2. Métodos de trabalho de seleção de raças, linhas, híbridos de bichos-da-seda da amoreira

O trabalho com as raças foi efectuado de acordo com as "Disposições metodológicas de base do trabalho de criação do bicho-da-seda da amoreira", [4;p.3-16], em que foram feitas pequenas alterações tendo em conta as características genéticas das raças sexuadas e dos clones partenogenéticos. Assim, cada família de raça sexuada na fase de grena foi incubada separadamente por sexo. Foram contados 110 machos e 110 fêmeas (grena escura, grena clara) de cada família e alimentados em conjunto. Na fase de grena, as famílias foram rejeitadas quanto às características reprodutivas, ao rácio entre os sexos e à percentagem de renascimento da grena. As famílias com reavivamento da grena abaixo da média não foram seleccionadas para engorda. No segundo instar, foram formadas famílias e repetições de 220 lagartas cada uma, e os híbridos destinados a testes laboratoriais foram contados com 150 lagartas numa repetição de três rolos. Na fase de lagarta, procedeu-se ao abate em caso de desenvolvimento heterogéneo e de baixa viabilidade das lagartas. As famílias foram analisadas com uma amostra de 30 casulos (15 fêmeas e 15 machos). As famílias com baixo teor de seda, peso do casulo e peso da casca foram rejeitadas. A análise individual dos casulos por raça foi efectuada separadamente para as fêmeas e os machos. De acordo com os resultados da análise individual, foram seleccionados casulos com cascas grandes, elevada sedosidade e forma e granulação específicas da raça para a preparação de ninhadas de material de origem. Os melhores indivíduos foram cruzados com os melhores indivíduos utilizando o método de cruzamento exógeno. Os casulos restantes das famílias de reprodutores após a seleção individual foram utilizados para preparar galinhas super-elite e híbridas. Os híbridos de produção foram criados com uma a três caixas de galinhas em condições de produção.

As análises tecnológicas das raças e clones foram efectuadas com uma amostra de 300-400 casulos, constituída por casulos de todas as réplicas ou famílias criadas. A incapacidade das borboletas de emergirem dos casulos foi determinada com uma amostra total de 250-300 casulos.

No processo de seleção e trabalho de criação com famílias, raças e clones, foram determinados os seguintes indicadores:

- número de ovos na ninhada (pcs);
- presença de casamento fisiológico (%);
- peso médio de uma ninhada e de um ovo (mg);
- reavivamento da grena em ninhadas ou amostras (%);
- viabilidade das lagartas (%);
- presença de galo silvestre (%);
- duração da fase de lagarta (dias);
- Teor de seda em casulos vivos (%);
- massa média de um casulo vivo (g);
- massa média da bainha de seda (mg);
- não emergência de borboletas dos casulos (%);
- rendimento da seda crua (%);
- produtos de seda (%);
- resistência à torção do casulo (%);
- comprimento do desenrolamento contínuo (m);
- comprimento total da produção (m);
- número métrico da linha.

### § 2.3 Técnica de reprodução de clones partenogenéticos

Os clones partenogenéticos para o estudo foram criados em réplicas (2-16 réplicas cada). Em cada réplica havia 220 peças.

[00]A ativação dos clones foi realizada de acordo com o método de B.L.Astaurov através do tratamento de grena não fertilizada de 1-5-10 traças com água quente a uma temperatura igual a 46 C durante 18 min [27;p.277-280], [26], [25;p.9] com subsequente armazenamento durante 3 dias a uma temperatura de 16-17 C e humidade 90-95%. Em seguida, a grena é armazenada à temperatura habitualmente aceite para o armazenamento de raças de cavalos brancos do bicho-da-seda da amoreira.

A reprodução dos clones partenogenéticos foi efectuada de acordo com o método de B.L.Astaurov [18;p.240]:

1. O conteúdo, constituído principalmente por ovários, é espremido do abdómen rasgado da borboleta e esfregado suavemente através de uma peneira de tule com os dedos, sob uma corrente de água. Os ovos, depois de passarem pelo crivo, caem no fundo do recipiente de vidro previsto para o efeito. Uma outra parte do conteúdo abdominal permanece na superfície do crivo.

2. [0]A grena lavada é espalhada numa camada fina sobre papel de filtro e armazenada a 16-17 C durante 10-12 horas.

3. A grenache é então colocada num nó de gaze de dupla camada, frouxamente atado, de modo a que a água quente passe livremente por toda a grenache. Em cada nó é colocada uma etiqueta de pergaminho, assinada com um simples lápis duro ou com biros vermelhos. [0]O aquecimento é efectuado em água a 46 °C e dura 18 minutos. [0]A grenache aquecida é imediatamente transferida para água à temperatura ambiente (25 C) durante 5-6 minutos.

4. A granina aquecida e arrefecida é espalhada numa camada fina sobre papel de filtro e seca sob o jato de uma ventoinha, que deve ser afastada de modo a que o jato de ar não arraste a granina para fora do papel de filtro.

5. [0]A grena seca é transferida para uma sala com uma temperatura de 16-17 C e uma humidade de 90-95%, onde é armazenada durante 3 dias.

6. Após este período, a grena é transferida para uma sala a 250C e sofre uma estivação normal ou é tratada com HC1 se a diapausa tiver de ser interrompida.

Após a microanálise, a grena foi vertida em sacos de pergaminho não emulsionados e colocada numa câmara fria para ser armazenada até à próxima colheita.

Os ovos activados desta forma desenvolvem-se normalmente e deles só saem fêmeas que repetem rigorosamente o genótipo e todas as características da mãe-pai. [0]O simples aquecimento dos ovos não fecundados em água a 46 C durante 18 minutos permite obter tantas borboletas partenogenéticas quantas as desejadas, sempre com as mesmas fêmeas.

Os clones partenogenéticos AIC e 9PK foram cruzados durante seis anos com a raça de bainha fina Ya-120, com a qual se procedeu à seleção para melhorar as propriedades produtivas e à seleção para a granularidade da bainha do casulo, a fim de diluir o fio do casulo durante todos estes anos. [x]Os híbridos APK x Ya-120, 9PK x Ya-120 foram criados em 3 repetições com 200 lagartas em cada uma, de acordo com a tecnologia geralmente aceite de manutenção de raças de casulos brancos do bicho-da-seda da amoreira. Durante o trabalho, foram registados e analisados todos os parâmetros reprodutivos, biológicos e tecnológicos necessários dos híbridos.

A figura 1.3.2 mostra o esquema de obtenção de fêmeas partenogenéticas ameioticas do bicho-da-seda da amoreira. A figura 1.3.2 mostra borboletas fêmeas de um clone partenogenético.

O bicho-da-seda da amoreira tem 56 cromossomas no seu genótipo. Um par de cromossomas é o cromossoma sexual, os outros 27 pares são cromossomas autossómicos (Fig.2.3.1).

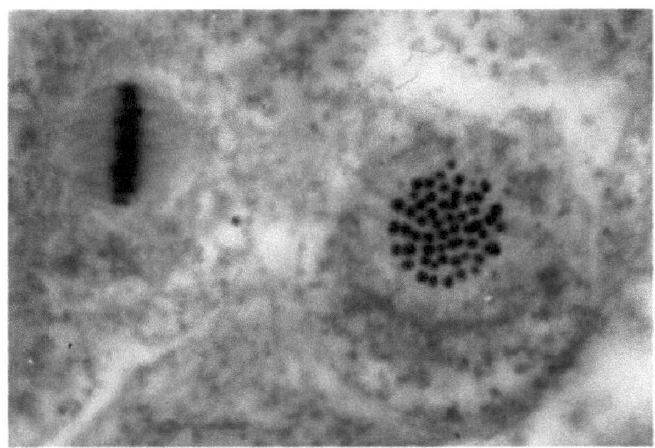

**Fig. 2.3.1 Cromossomas do bicho-da-seda da amoreira na fase de anáfase**

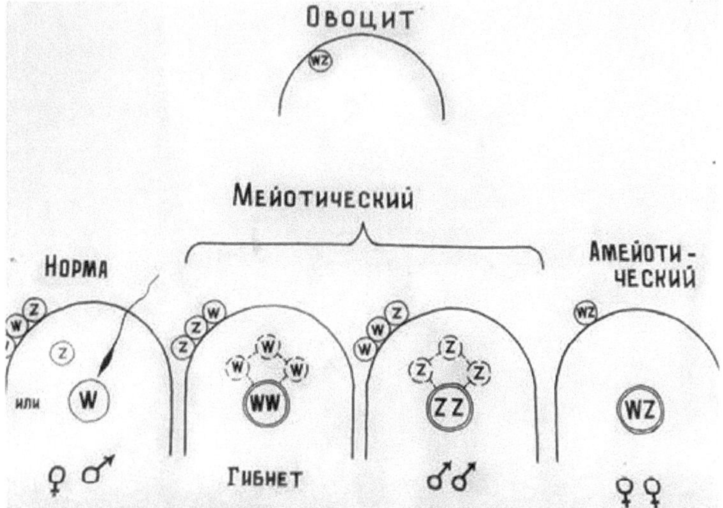


**Fig.2.3.2 Esquema de obtenção de fêmeas partenogenéticas ameioticas do bicho-da-seda da amoreira**

**Fig. 2.3.3 Borboletas fêmeas uniformes constantes de um clone partenogenético**

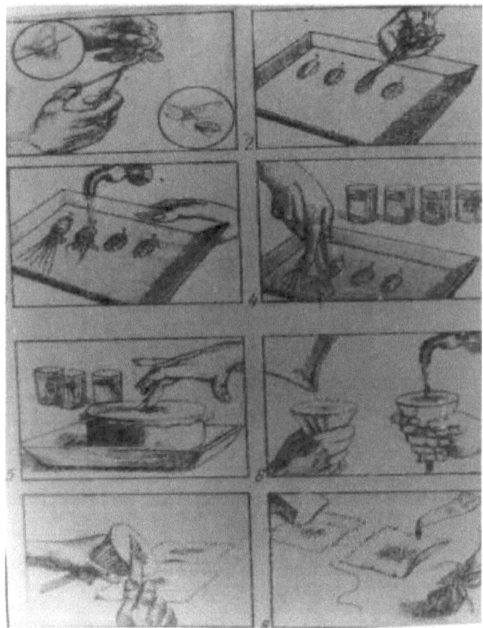

**Fig. 2.3.4: Técnica de extração e preparação dos ovos não fecundados do bicho-da-seda da amoreira para posterior termoactivação e partenogénese artificial térmica.**

A figura 1.3.4 mostra como se prepara uma grena não fecundada para a reprodução na estação seguinte. [01]Depois de lavada, a grena é atada numa gaze com nós e aquecida a 46-18 . [0]Após um período de repouso de 12 horas a 16-17 °C, com 85-89% de humidade, é armazenada à temperatura normal, tal como as raças bissexuais.

## § 2.4 Metodologia para a obtenção de translocações no bicho-da-seda da amoreira

Para aumentar a diversidade das populações do bicho-da-seda da amoreira e produzir novas mutações e organismos geneticamente modificados, o genoma do bicho-da-seda é sujeito a várias influências.

Por exemplo, através do tratamento com raios gama do genótipo do bicho-da-seda da amoreira, foi obtida uma translocação do gene dominante +W2 do autossoma 10 para o cromossoma W [106;p.52-72], [107;p.5-6], [103;p.50] (Figura 2.4.1).

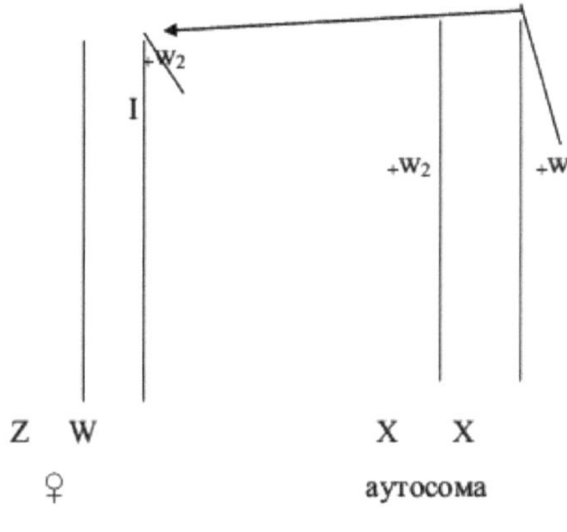


autossoma

**Fig. 2.4.1 Esquema de obtenção de uma translocação genética**

Como resultado desta mutação, a borboleta do bicho-da-seda põe ovos brancos e escuros. ♀♀, ♂♂. Dos ovos escuros nascem os machos, dos ovos claros nascem os machos.

2555Assim, por exemplo, foram obtidas as raças C-12, C-5, C-9, C-13, marcadas com o gene W , que produzem grena cor de palha (machos); as raças C-10, C-14, marcadas com o gene w3, que provoca a cor castanha escura da grena (machos); as raças B-2 W , C-6 W , marcadas com o gene W , com cor castanha escura dos ovos (machos) e outras. Para a nossa investigação, as raças C-5, C-10 e C-12 são as de maior interesse.

♀♀, ♂♂. A particularidade do método de seleção e de trabalho de criação com raças de sexo determinado na fase grená é que, após a microanálise das borboletas, cada ninhada de raça marcada com o sexo é dividida por cor, o número de ovos escuros e claros é contado e, em seguida, apenas as ninhadas com a proporção de ovos 50% : 50% são seleccionadas para o trabalho posterior, sendo as restantes rejeitadas. Durante a criação, cada família é formada por 110 fêmeas e 110 machos, ou as fêmeas e os machos são criados separadamente para evitar uma maior divisão das pupas por sexo.

As famílias das raças Sword 1, Sword 2, marcadas por sexo na fase de lagarta, são divididas por sexo no quinto instar em machos (lagartas de leite branco) e fêmeas (lagartas com máscaras e meias-luas) com contagem de lagartas de cada sexo. ♀♀,

♂♂. Apenas as famílias com uma relação sexual de 50% : 50% são seleccionadas para os cruzamentos genealógicos. Após separação por sexo,

As lagartas são colocadas em prateleiras diferentes e os casulos são enrolados separadamente.

A figura 2.4.2 mostra uma fotografia de uma grena de raça com marcação de sexo.

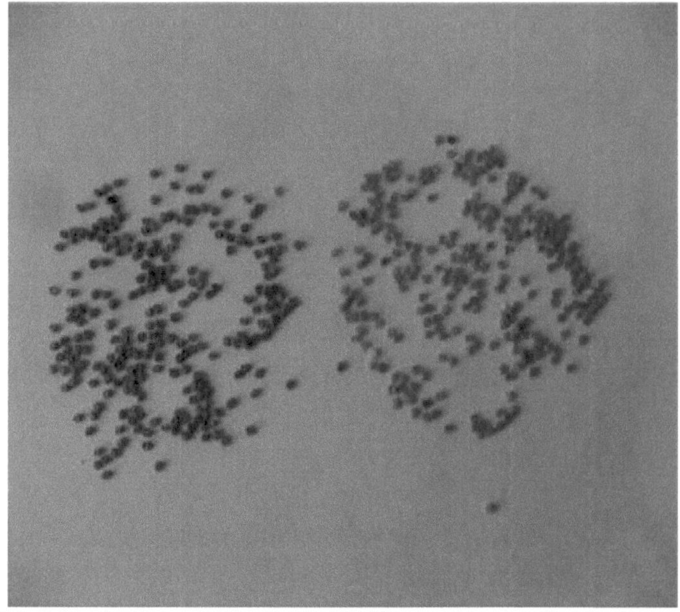

**Fig.2.4.2 A grena de uma raça sexuada dividida por cor em fêmeas (grena escura) e machos (grena clara)**

Fig.2.4.3.Revitalização das galinhas marcadas por sexo na fase de lagarta da raça

Fig.2.4.4 Divisão das lagartas da raça identificada por sexo no estádio de lagarta em lagartas brancas (machos) e lagartas com padrão (fêmeas)

**Fig.2.4.5 Remoção de casulos de casulos**

## § 2.5 Metodologia de seleção da atividade comportamental

Os métodos conhecidos para aumentar a viabilidade dos bichos-da-seda, aumentar o peso da bainha de seda, a percentagem de reavivamento da grena e o rendimento baseiam-se numa seleção intensiva de bichos-da-seda na fase de grena, lagarta, pupa e borboleta com os indicadores mais valiosos. Estes métodos, devido à falta de precisão da seleção, não esgotam as possibilidades de aumento adicional da produtividade do bicho-da-seda. Por isso, para poupar dinheiro, os nossos funcionários estão a procurar outros métodos para preservar o nível alcançado de indicadores valiosos de raças com marcação de sexo. Um desses métodos é a seleção por atividade motora [72;p.45-51]. De acordo com este método, no início de cada idade e no momento da saída dos casulos das borboletas, são seleccionados os machos mais móveis e activos no cruzamento. Para o efeito, antes da revivescência da grena, durante o período de branqueamento, coloca-se uma folha de amoreira no saco com a grena, de modo a que esta não toque nos ovos e fique a uma distância de 1-1,5 cm dos mesmos. Durante o reavivamento, as lagartas mais activas e móveis, e portanto mais viáveis, são as primeiras a subir para a folha. Duas horas após o início do reavivamento, a folha com um número suficiente de lagartas (cerca de 300 pedaços) é retirada e, para poupar alimentos, as lagartas são alimentadas até ao terceiro instar em sacos de pergaminho.

Para este efeito, as lagartas mais activas são colocadas em sacos de pergaminho perfurados de 20 cm x 30 cm e alimentadas com folhas jovens de amoreira picadas 3 vezes por dia (em vez de 8-10 vezes, de acordo com o método habitual). Os sacos com lagartas são colocados sob uma cobertura humedecida. A formação de famílias ou a repetição é feita no terceiro instar, seleccionando as lagartas mais activas durante a contagem. O abate das lagartas passivas durante a reanimação e a contagem leva à purificação do material de indivíduos portadores de genes letais recessivos em genótipos de diferentes estádios. Em seguida, as lagartas são criadas da forma habitualmente aceite para a criação de raças de cavalos brancos.

Para selecionar os machos móveis, as fêmeas são colocadas de um lado da cama de criação e os machos do outro lado da cama, a uma distância de 30-25 cm. Os machos mais móveis começam a mover-se ativamente em direção às fêmeas. Ao fim de 10-15 minutos, todos os machos não agitados são retirados da cama. Assim, a descendência é deixada pelos indivíduos mais viáveis.

A seleção por atividade motora é utilizada nos últimos 10 anos para manter as raças C-13, C-14, divididas pela cor dos ovos em fêmeas (grena escura) e machos (grena clara) e divididas por sexo pela cor das lagartas Meechennaya-1, Meechennaya-2. A utilização de lagartas mais móveis e de borboletas macho mais activas contribui para a melhoria sanitária do material de reprodução no seu conjunto e permite manter o desempenho das raças e híbridos ao nível atingido.

A figura 2.5.1 apresenta a conceção geral da investigação.

Incubação de galinhas das raças seleccionadas para o estudo e seleção das famílias com melhor revitalização das galinhas para engorda

Alimentação de lagartas em regime alimentar e higrotérmico ótimo e seleção de famílias com melhor viabilidade de lagartas para reprodução

Determinação dos indicadores de produtividade de cada raça e linha por famílias e repetições

Separação dos casulos por sexo e determinação do peso do casulo, da bainha e da sedosidade de cada casulo selecionado individualmente.

Seleção dos casulos mais sedosos para cruzamentos de reprodutores

Acasalamento de borboletas dos melhores casulos entre famílias da mesma raça. Termoactivação de genes de clones não fecundados para o desenvolvimento partenogenético

Hibridação de raças em várias combinações, incluindo com partenoclones

Ensaios laboratoriais de híbridos

Ensaios de produção em pequena escala de híbridos em condições ambientais extremas

Recomendação para a produção

**Fig. 2.5.1 Diagrama esquemático das experiências**

# CAPÍTULO III

# RESULTADOS OBTIDOS

## § 3.1  Caracterização das rochas geradoras

O trabalho de tese envolveu raças convencionais e com marcação de sexo na fase de ovo e de lagarta.

[0]Como é sabido, a grena do bicho-da-seda pode ser armazenada até oito meses no frigorífico a t=+2+3 . Com a continuação do tempo de armazenamento, a vivacidade da grena e a viabilidade das lagartas deterioram-se em abril-maio em 3-6%, em junho-julho em 12-18% e em agosto em 55-60%. Por conseguinte, para que os bichos-da-seda conservem as suas características biológicas, é necessário que os criadores os reproduzam anualmente, recorrendo à seleção. Sem seleção, o desempenho deteriora-se rapidamente. Serão necessários 4-5 anos para aumentar os resultados obtidos com o trabalho dos criadores.

Para o trabalho, foram preparados anualmente clados de material de origem, caracterizados no Quadro 3.1.

**Tabela 3.1.**

### Caracterização das ninhadas iniciais por espécie (2012)

| Nome do material | Número de peças | | | Número | Peso | | % |
|---|---|---|---|---|---|---|---|
| | uma embraiagem. | ecrã ligado desligado. | abate, sobre o abate. | médio de ovos por ninhada | de alvenaria, g. | de um ovo, mg | defeitos físicos |
| C-5 | 164 | 107 | 24 | 571 | 349 | 0,61 | 4,67 |
| C-5ngl | 84 | 46 | 21 | 545 | 292 | 0,53 | 6,03 |
| C-7 | 75 | 60 | 22 | 620 | 346 | 0,55 | 1,58 |
| C-9 | 82 | 71 | 25 | 600 | 335 | 0,56 | 2,91 |
| C-10 | 132 | 96 | 41 | 561 | 308 | 0,54 | 4,59 |
| C-12 | 39 | 37 | 33 | 518 | 275 | 0,53 | 10,9 |
| C-13 | 310 | 144 | 62 | 538 | 292 | 0,54 | 4.94 |
| C-14 | 194 | 107 | 54 | 543 | 278 | 0,51 | 2,51 |
| Juramentado 1 | 330 | 148 | 48 | 648 | 363 | 0,56 | 3,04 |
| Juramento 2 | 323 | 172 | 56 | 656 | 368 | 0,56 | 1,56 |
| SANIISH 30 | 131 | 97 | 22 | 665 | 356 | 0,53 | 2,77 |
| Asaka | 62 | 62 | 26 | 614 | 348 | 0,56 | 4,80 |
| Marhamat | 71 | 71 | 30 | 614 | 337 | 0,54 | 4,2 |
| Atlas | 95 | 95 | 39 | 608 | 365 | 0,60 | 4,1 0 |
| Margilan | 161 | 93 | 30 | 677 | 358 | 0,52 | 4,10 |

Como se pode ver no quadro acima, o maior número de ovos é observado em raças não rotuladas, como Asaka, Markhamat, Atlas, Margilan e SANIISH 30, bem como em raças rotuladas na fase de lagarta, Mechnaya 1 e 2. Nas raças rotuladas na fase de ovo, observou-se o menor número de ovos na ninhada e um maior número de defeitos fisiológicos. Este facto explica-se pela particularidade genética destas raças, que apresentam rearranjos genéticos nos seus genomas. Quanto ao peso da ninhada, este varia proporcionalmente ao número médio de ovos da ninhada. A massa de um ovo varia ligeiramente de 0,51-0,61 mg, consoante a raça.

É de notar que, em todas as fases de desenvolvimento do bicho-da-seda da amoreira, é efectuado um trabalho de melhoramento das raças. Assim, durante o período de estufagem, as ninhadas são seleccionadas de acordo com os seguintes indicadores: peso da ninhada, peso de um ovo, percentagem de defeito fisiológico e relação sexual nas raças rotuladas. Isto reflecte-se na coluna "número de ninhadas preparadas" e "número de ninhadas seleccionadas para incubação". As diferenças significativas entre os números indicam que existe um processo de seleção rigoroso nesta fase (quadro 3.1.).

Todas as raças são melhoradas através da eliminação das famílias mal reanimadas. As melhores famílias são seleccionadas para engorda, ou são formadas réplicas das melhores famílias em termos de gregariedade. Isto está refletido no quadro 3.2.

**Tabela 3.2.**

**Capacidade de vida da grena das raças utilizadas no estudo**
**(cf. durante 3 anos)**

| N.º de artigos | Nome da raça | Número de ovos normais (pcs) | Número de ovos não eclodidos (pcs) | % de revitalização da grena |
|---|---|---|---|---|
| 1 | 2 | 3 | 4 | 5 |
| 1. | AGU-112 | 633 | 19 | 96,9 |
| 2. | UzNIIISH-9 | 654 | 30 | 95,4 |
| 3. | Juramentado 1 | 650 | 20 | 95,9 |
| 1 | 2 | 3 | 4 | 5 |
| 4. | Juramento 2 | 670 | 21 | 96,4 |
| 5. | SANIISH-30 | 586 | 14 | 97,6 |
| 6. | Sovetskaya-5 | 584 | 25 | 95,7 |
| 7. | Sovetskaya 5 (proz.gus) | 519 | 39 | 92,4 |
| 8. | Sovetskaya-10 | 496 | 35 | 92,9 |
| 9. | Sovetskaya 12 | 516 | 60 | 88,3 |
| 10. | Sovetskaya 13 | 525 | 30 | 94,2 |
| 11. | Sovetskaya 14 | 528 | 29 | 94,5 |

Verifica-se claramente que todas as raças se caracterizam por uma boa revitalização da grelha: 88,3-97,6%.

Os indicadores biológicos são também bastante elevados.

**Tabela 3.3.**

**Indicadores biológicos das raças utilizadas no estudo**
**(média de 3 anos)**

| N.º de | Nome da raça | Vida da | Peso médio | % bainha de |
|---|---|---|---|---|

| artigos | | Caterpillar, % | Cocona, g | Concha, mg | seda |
|---|---|---|---|---|---|
| 1 | AGU-112 | 80,0 | 1,62 | 339 | 20,9 |
| 2 | UzNIIISH-9 | 90,0 | 1,70 | 389 | 22,9 |
| 3 | Espada 1 | 85,2 | 1,68 | 384 | 22,9 |
| 4 | Espada 2 | 87,0 | 1,61 | 367 | 22,8 |
| 5 | SANIISH-30 | 90,9 | 1,68 | 380 | 22,6 |
| 6 | Sovetskaya 5 | 87,0 | 1,71 | 3768 | 22,2 |
| 7 | Sovetskaya 5 prozr. gus. | 88,8 | 1,52 | 319 | 21,0 |
| 8 | Sovetskaya 10 | 92,1 | 1,47 | 349 | 23,8 |
| 9 | Sovetskaya 12 | 88,5 | 1,67 | 397 | 23,9 |
| 10 | Sovetskaya 13 | 84,8 | 1,58 | 389 | 24,6 |
| 11 | Sovetskaya 14 | 89,5 | 1,65 | 387 | 23,5 |

Como se pode ver no quadro 3.3, todas as raças têm uma boa viabilidade das lagartas: 84,8-92,1%. As raças identificadas por sexo na fase de lagarta são de pele média mas de casca alta: Sovetskaya 13-24,6%, Sovetskaya 1223,9%, Sovetskaya 10-23,8%. As raças designadas por sexo na fase de lagarta Mechenaya 1, Mechenaya 2 têm também uma boa sedosidade: 22,9%, 22,8%.

Numa experiência separada em 2012, foram investigados os parâmetros biológicos e os coeficientes de variação de algumas das raças utilizadas no trabalho. Os resultados estão resumidos no Quadro 3.4.

**Tabela 3.4 Indicadores biológicos e coeficientes de variação das raças estudadas (2012)**

| Raças | Viabilidade da Caterpillar, % | | Peso do casulo, g | | Peso da casca, mg | | Sedosidade, % | |
|---|---|---|---|---|---|---|---|---|
| | $X \pm sJ$ | $c_v$ | | $c_v$ | | $c_v$ | | $c_v$ |
| C-5 | 91,8±1,2 | 15,1 | 1,59±0,02 | 4,1 | 333±4,4 | 6,9 | 20,8±0,2 | 5,2 |
| C-14 | 92,5±3,3 | 14,8 | 1,48±0,21 | 6,6 | 346±6,4 | 4,8 | 23,6±0,2 | 4,5 |
| pestanejar | 94,3±2,5 | 13,0 | 1,75±0,02 | 5,5 | 404±0,7 | 0,9 | 23,1±0,3 | 6,9 |
| PS-5 | 97,7±1,5 | 13,2 | 1,45±0,02 | 4,2 | 276±6,6 | 6,7 | 19,3±0,7 | 10,3 |
| SANIISH 8 | 98,5±1,7 | 2,5 | 1,46±0,02 | 4,1 | 276±7,0 | 6,6 | 19,1±0,3 | 4,5 |
| Я-120 | 98,7±1,2 | 2,1 | 1,65±0,04 | 6,3 | 411±11,3 | 7,7 | 25,3±0,5 | 5,5 |

Como se pode ver no quadro 3.4, a viabilidade das lagartas das raças com marcação sexual C-5, C-14, MG, PS-5 foi ligeiramente inferior à viabilidade das raças sem marcação SANIISH 8 - 98,5%, Ya-120 - 98,7%. As raças marcadas com o sexo diferem das raças normais pela presença de translocação nos seus genomas. Por conseguinte, estas raças são mais sensíveis a quaisquer alterações nas condições de alojamento. Como se sabe de numerosas investigações de Strunnikov V.A. (1969, 1987, 1994), em boas condições experimentais, as características biológicas das raças marcadas pelo sexo estão ao mesmo nível que as do material normal, mas em más condições ecológicas o material com alterações genéticas comporta-se um pouco pior. Os elevados coeficientes de variação 15,1; 14,8; 13,0; 13,2 das raças marcadas pelo sexo atestam a elevada variabilidade de um indicador como a viabilidade das lagartas e indicam a possibilidade de uma maior seleção para esta caraterística.

As raças estudadas pertencem a raças com peso médio de casulo (1,45-1,75 g) e de bainha (276-411 mg) (Quadro 3.5). A seleção futura será orientada para o aumento da sedosidade dos casulos.

O quadro 3.5 resume os parâmetros biológicos das raças em estudo.

**Tabela 3.5.**

**Parâmetros biológicos das famílias amostradas e dos casulos das raças estudadas (2012)**

| Raças | | Viabilidade da Caterpillar, % | Peso | | Silko-nosiness, % |
|---|---|---|---|---|---|
| | | | coc.g | obol. mg | |
| C-5 | Alimentar as famílias | 91,8 | 1,59 | 333 | 20,8 |
| | Tribos, famílias. | 95,6 | 1,58 | 340 | 21,5 |
| | Tribal.kok. | - | 1,56 | 348 | 22,3 |
| C-14 | Alimentar as famílias | 92,5 | 1,48 | 346 | 23,6 |
| | Tribos, famílias. | 94,0 | 1,47 | 350 | 23,8 |
| | Tribal.kok. | - | 1,49 | 363 | 24,4 |
| MG | Alimentar as famílias | 94,3 | 1,75 | 404 | 23,1 |
| | Tribos, famílias. | 95,8 | 1,65 | 396 | 24,0 |
| | Tribal.kok. | - | 1,68 | 409 | 24,3 |
| PS-5 | Alimentar as famílias | 97,7 | 1,45 | 276 | 19,3 |
| | Tribos, famílias. | 98,0 | 1,46 | 285 | 19,6 |
| | Tribal.kok. | - | 1,46 | 291 | 19,9 |
| SANIISH 8 | Alimentar as famílias | 98,5 | 1,46 | 276 | 19,1 |
| | Tribos, famílias. | 98,9 | 1,46 | 288 | 19,7 |
| | Tribal.kok. | - | 1,48 | 396 | 20,0 |
| Я-120 | Alimentar as famílias | 95,7 | 1,65 | 411 | 25,3 |
| | Tribos, famílias. | 98,0 | 1,65 | 426 | 25,8 |
| | Tribal.kok. | - | 1,69 | 438 | 25,9 |

O quadro 3.5 mostra que as famílias com um grau de sedosidade de 21,5% foram retidas para reprodução, enquanto os casulos com um grau de sedosidade de 22,3% foram autorizados para papilonagem. Na raça Ya-120, a sedosidade das famílias criadas foi de 25,3%, a das famílias reprodutoras de 25,8% e a grena foi obtida a partir de borboletas de casulos com sedosidade de 25,9%. Foi feita uma seleção semelhante nas raças C-14, MG, AS-5, SANIISH 8 (quadro 2.2.8).

No total, foram analisados individualmente cerca de 3.500 casulos. Destes, cerca de 1.800 casulos foram autorizados a produzir galinhas reprodutoras, ou seja 54%. Espera-se que esta intensidade de seleção resulte num melhor desempenho das raças em estudo.

Quadro 3.6

**Indicadores tecnológicos das raças (média de 3 anos)**

| Nome da raça | Total de um casulo seco, g | Rendimento, % | | Número métrico do fio do casulo, unidades | DNRCN | Desenrolamento - ponte | Comprimento do fio de produção, m |
| --- | --- | --- | --- | --- | --- | --- | --- |
| | | Seda - matéria-prima | seda | | | | |
| AGU-112 | 0,652 | 39,93 | 45,43 | 3327 | 703 | 87,91 | 946 |
| UzNIIISH-9 | 0,674 | 36,04 | 47,75 | 3594 | 880 | 89,22 | 1141 |
| Juramentado 1 | 0,642 | 42,74 | 49,11 | 3522 | 805 | 87,29 | 1017 |
| Juramento 2 | 0,681 | 43,34 | 49,51 | 3385 | 839 | 87,53 | 1156 |
| SANIISH 30 | 0,654 | 42,98 | 49,07 | 3136 | 733 | 87,56 | 966 |
| Sovetskaya 10 | 0,618 | 42,67 | 50,01 | 3436 | 794 | 85,32 | 1016 |
| Sovetskaya 13 | 0,633 | 42,41 | 48,60 | 3548 | 754 | 88,18 | 1011 |
| Sovetskaya 14 | 0,655 | 42,00 | 48,75 | 3073 | 687 | 87,06 | 931 |
| Ipakci 1 | 0,641 | 41,28 | 47,89 | 3270 | 803 | 86,20 | 979 |
| Ipakci 2 | 0,688 | 42,65 | 48,71 | 3033 | 764 | 87,56 | 959 |

utilizadas no estudo não são inferiores, em termos de qualidade do fio de seda, às raças convencionais. Por exemplo, o número métrico da Mechennaya 1 atinge 3522 unidades, enquanto o da Sovetskaya 13 atinge 3548 unidades. O comprimento de produção do fio da Mechennaya 2 é de 1156 metros, enquanto o da Sovetskaya 10 é de 1016 metros. A raça UzNIISH 9, que faz parte de um híbrido destinado à rebrota, chama a atenção: comprimento do fio de produção 1144 m, número métrico 3594 unidades, taxa de desenrolamento 89,22%, DNRKN 880 m. Todas as raças têm rendimentos bastante elevados de seda crua e de produtos de seda.

$_2$Nas raças marcadas pelo sexo com raios gama, o gene dominante +w é translocado para o cromossoma w, pelo que este gene é herdado pelo sexo. [x]As raças translocadas são de pele muito sedosa. Nos 80 anos do século passado, os componentes dos híbridos foram zonados para produção e deram bons rendimentos em casulos. Trata-se de híbridos como o SANIISH 30 x Sov.-5,

C-5 x SANIISH 30, C-13 x C-14, C-14 x C-13 e outros. Atualmente, as raças-componentes destes híbridos fazem parte da coleção viva de bichos-da-seda da amoreira do NIISH e são produzidas de acordo com o esquema de reprodução em grupo. Para que estas raças possam ser utilizadas na hibridação, é necessário efetuar um trabalho de seleção e de genealogia com elas, a fim de melhorar as suas principais propriedades produtivas.

## § 3.2 Trabalho de reprodução e pedigree com a raça C-5 marcada com o sexo na fase grena

Na produção de granadeiros, um problema importante é a separação correcta e atempada dos casulos por sexo para preparar granadeiros híbridos sem mistura de raças puras.

A preparação de híbridos de galinhas para engorda industrial, que não estejam contaminados com galinhas menos produtivas de outras raças, exige uma separação exacta dos sexos do material de reprodução, a fim de cruzar fêmeas de uma raça com machos de outra raça.

As raças com marcação de sexo na fase de ovo resolvem o problema da preparação de híbridos que não estejam contaminados por formas iniciais menos produtivas.

A figura 3.2.1 mostra os casulos da raça C-5.

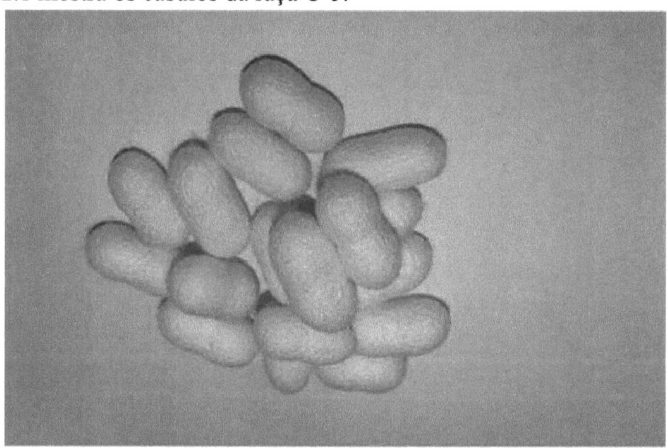

**Fig. 3.2.1 Casulos da raça C-5**

Os olhos das borboletas C-5 fêmeas são escuros e brancos nos machos. A sedosidade da C-5 é de 24-25%. Nos trabalhos de reprodução, as fêmeas e os machos alimentam-se em conjunto. As lagartas são incubadas separadamente e, no segundo instar, são contadas 110 fêmeas e 110 machos de cada ninhada de reprodução para alimentação, num total de 220 lagartas. Cada ninhada de reprodução é dividida por sexo em grena escura e grena branca. São contados os ovos normais, não fertilizados e secos. Todos os indicadores são contados. A população reprodutora é mantida numa proporção de 1:1 para manter a marcação dos sexos.

As lagartas da raça têm uma máscara pronunciada na capa, os casulos são alongados.

A raça C-5, em combinação híbrida com um clone partenogenético, passou uma vez nos ensaios de estação e foi submetida a ensaios estatais.

Atualmente, as raças não são multiplicadas nas estações de reprodução de seda, pelo que o trabalho de seleção e reprodução com elas é realizado no NIISH com o objetivo da sua manutenção, reprodução e desenvolvimento futuro.

melhorias numa série de características de produtividade.

Para ilustrar os resultados, a figura 3.2.2 mostra a sedosidade dos casulos C-5 por ano de seleção.

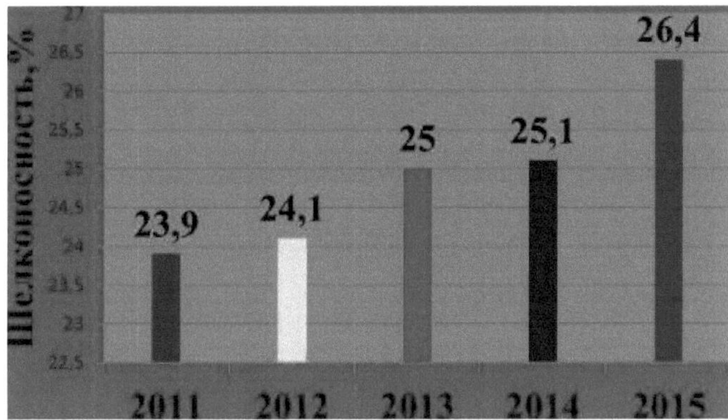


**Fig. 3.2.2 Silkiness de casulos C-5 por anos**

A figura 3.2.2 mostra claramente a dinâmica do crescimento do silkiness por anos de seleção. O aumento do grau de sedosidade de 23,9% em 2011 para 26,4% em 2015 indica um elevado potencial genético da raça e a possibilidade de utilizar com êxito o C-5 na hibridação.

Os parâmetros biológicos da raça C-5 em todas as famílias alimentadas por anos de criação são apresentados no quadro 3.2.1.

O carácter gregário de todas as famílias incubadas das raças Sovetskaya 5 aumentou de 92,8 para 95,0%. O gregarismo das famílias autorizadas para engorda foi de 97,4%.

A raça tem uma massa de casulo inerente, em média igual a 1,86 g, covariada por ano de criação por silkiness. Em 2012, registou-se uma massa de casulo baixa. A viabilidade das lagartas aumentou de forma insignificante e não atingiu o nível planeado. O grau de silkiness dos casulos aumentou de 23,9 para 26,4% de acordo com as selecções efectuadas.

O tratamento biométrico dos indicadores revelou que as características biológicas, tais como a viabilidade das lagartas e o peso dos casulos, são mais variáveis nas famílias da raça C-5. No que respeita ao teor de seda dos casulos crus, a raça está relativamente equiparada (quadro 3.2.2).

**Quadro 3.2.1.**

**Indicadores biológicos da raça C-5 (2011-2015)**

| An os | Número de famílias | Reaviva mento genético | Número de famílias | Famílias revitaliz adas, % | Viabili dade da Caterpi | Peso | | Bichos -da- seda - | Emergê ncia de borbole | Núme ro de galos |
|---|---|---|---|---|---|---|---|---|---|---|
| | | | | | | Cocona , g | Casca de | | | |

| | seleccio nadas para incubaçã o | das famílias incubada s, % | seleccio nadas para forragem U | M±t | llar, % M±t | M±t | seda, mg M±t | casulo NOS, % M±t | tas, % | silvest res, % |
|---|---|---|---|---|---|---|---|---|---|---|
| 20 11 | 158 | 92,8±0,4 2 | 60 | 97,5±0,4 5 | 75,5±0, 89 | 1,76±0, 013 | 421±0 ,15 | 23,9±0, 013 | - | 9,38 |
| 20 12 | 105 | 91,14±0, 54 | 43 | 96,6±0,1 8 | 87,9±0, 15 | 1,64±0, 017 | 395±5 ,0 | 24,1±0, 15 | 10,0 | 2,88 |
| 20 13 | 133 | 94,7±0,2 8 | 18 | 98,2±0,1 9 | 89,1±1, 39 | 1,82±0, 028 | 457±8 ,6 | 25,0±0, 11 | 6,7 | 6,62 |
| 20 14 | 103 | 97,0±0,4 1 | 18 | 98,7±1,1 8 | 91,2±1, 5 | 2,11±0, 14 | 528±0 ,18 | 25,1±0, 2 | 7,2 | 8,6 |
| 20 15 | 71 | 95,0±0,5 8 | 51 | 96,1±0,2 8 | 78,4±1, 2 | 2,06±0, 5 | 550±3 ,41 | 26,4±0, 48 | 8,4 | 10,71 |
| Cf. | 570 | 94,1±0,5 7 | 190 | 97,4±0,4 2 | 81,2±1, 02 | 1,86±0, 13 | 470±4 ,06 | 24,9±0, 19 | 8,0 | 7,63 |

**Quadro 3.2.2.**

**Variação das famílias da raça Sovetskaya 5 por**
**índices biológicos**
**durante 5 anos**

| Por ano | Coeficiente de variação, % | | | |
|---|---|---|---|---|
| | A revitalização da grena | Viabilidade da Caterpillar | Peso do casulo | Percentagem de casca de seda |
| 2011 | 3,5 | 8,87 | 5,7 | 3,64 |
| 2012 | 1,3 | 7,89 | 7,36 | 3,95 |
| 2013 | 0,81 | 7,09 | 6,59 | 1,87 |
| 2014 | 0,68 | 7,9 | 2,9 | 3,40 |
| 2015 | 0,81 | 8,63 | 3,57 | 1,87 |
| Média | 1,42 | 8,0 | 5,2 | 2,94 |

Como se pode ver no quadro 3.2.2, os coeficientes de variação dos parâmetros biológicos da raça não são elevados, ou seja, a raça C-5 está bastante estabilizada. Os dados do quadro 3.2.3 mostram que as fêmeas destinadas ao grupo de reprodução foram seleccionadas com uma intensidade igual a 61,1%, em média.

**Quadro 3.2.3.**

**Intensidade de seleção das famílias de reprodutores da raça C-5 e sua registo de cinco anos**

| Ano | Número de famílias | Intensidade de seleção, | Revitalização dos genes, % | Viabilidade da | Peso do | Peso da casca | Revestimento de seda KH, |
|---|---|---|---|---|---|---|---|

| | acolhidas | | % | | Caterpillar, % | casulo, g | de seda, mg | % |
|---|---|---|---|---|---|---|---|---|
| | Youkor m-ku | tribo | | | | | | |
| 2011 | 60 | 32 | 53,3 | 98,0 | 81,8 | 1,75 | 420 | 24,0 |
| 2012 | 43 | 27 | 62.6 | 96,7 | 90,6 | 1,68 | 404 | 24,0 |
| 2013 | 18gr. | 18gr. | | 98,3 | 83,7 | 1,82 | 463 | 25,4 |
| 2014 | 18gr. | 4gr. | | 99,2 | 86,5 | 2,16 | 524 | 25,4 |
| 2015 | 51 | 35 | 68,6 | 96,0 | 81,8 | 2,08 | 551 | 26,5 |
| Médio | 190 | 114 | 61,1 | 97,6 | 84,8 | 1,90 | 472,4 | 25,06 |

**Quadro 3.2.4.**

**Diferencial de reprodução por indicadores biológicos das famílias de reprodutores C-5 durante cinco anos**

| Anos | Revitalização (%) dos núcleos familiares | | | Viabilidade (%) das lagartas das famílias | | | Peso do casulo (g) famílias | | | Peso (mg) das famílias de bainhas de seda | | | Teor (%) de famílias de bainhas de seda | | |
|---|---|---|---|---|---|---|---|---|---|---|---|---|---|---|---|
| | tomar incubado | pedigrees | S | tomar incubado | pedigrees | S | tomar incubação | pedigrees | S | tomar incubação | pedigrees | S | tomar incubação | pedigrees | S |
| 2011 | 92,8 | 98,0 | 5,25 | 75,5 | 81,8 | 6,5 | 1,76 | 1,75 | 0,01 | 421 | 420 | 1,0 | 23,9 | 24,0 | 0,1 |
| 2012 | 91,14 | 96,7 | 5,56 | 87,9 | 90,6 | 2,7 | 1,04 | 1,68 | 0,04 | 595 | 404 | 9,0 | 24,1 | 24,0 | 0,01 |
| 2013 | 94,7 | 98,5 | 5,6 | 85,1 | 85,7 | 0,6 | 1,82 | 1,82 | 0,0 | 457 | 463 | 6,0 | 25,1 | 25,4 | 0,3 |
| 2014 | 96,7 | 99,5 | 2,8 | 89,4 | 95,4 | 6,0 | 2,09 | 2,09 | 0,0 | 528 | 555 | 2,0 | 25,4 | 25,7 | 0,3 |
| 2015 | 95,0 | 96,0 | 1,0 | 78,4 | 81,8 | 3,4 | 2,08 | 2,08 | 0,0 | 550 | 551 | 27 | 26,5 | 26,4 | 0,1 |
| Médio. | 94,0 | 97,7 | 3,78 | 82,8 | 86,6 | 3,8 | 1,87 | 1,88 | 0,01 | 4,70 | 478,6 | 8,6 | 25,0 | 25,1 | 0,16 |

Os dados do quadro 3.2.4 mostram que os valores mais elevados dos diferenciais de seleção são característicos de traços biológicos como a vivacidade e a viabilidade da grena. A diferença de renascimento entre todas as famílias incubadas e as seleccionadas para reprodução foi, em média, de 3,7 e a de viabilidade de 3,8%.

A presença do diferencial de seleção tornou possível selecionar para reprodução. famílias com 97,7% de revivência genética e 86,8% de viabilidade.

Em termos de peso do casulo e da bainha e de percentagem de bainha de seda, não foi possível selecionar famílias de reprodutores que diferissem significativamente do conjunto das famílias. Para estes indicadores, nomeadamente para a sedosidade, verificou-se uma diferença entre os reprodutores seleccionados por análise individual.

Os dados do quadro 3.2.5 mostram que os indivíduos reprodutores, a partir dos quais foram preparadas as ninhadas de material inicial, tiveram um diferencial de seleção por peso do casulo, em média, durante 5 anos, de 0,04 g, peso da bainha de seda de 20 mg, teor de seda no casulo de 0,9%.

**Quadro 3.2.5.**

**Diferencial de reprodução em indicadores biológicos de indivíduos reprodutores da raça C-5 durante cinco anos**

| Por ano | Peso do casulo, g. | | | Peso da casca de seda, mg | | | Percentagem de casca de seda | | |
|---|---|---|---|---|---|---|---|---|---|
| | material total | animais reprodutores | S | material total | animais reprodutores | S | material total | animais reprodutores | S |
| 2011 | 1,76 | 1,78 | 0,02 | 421 | 420 | -1 | 23,9 | 25,5 | 1,6 |
| 2012 | 1,84 | 1,71 | 0,07 | 395 | 404 | 9 | 24,1 | 24,7 | 0,6 |
| 2013 | 1,82 | 1,86 | 0,04 | 437 | 480 | 23 | 25,1 | 25,8 | 0,7 |
| 2014 | 2,10 | 2,13 | 0,03 | 525 | 555 | 27 | 25,1 | 26,2 | 1,0 |
| 2015 | 2,08 | 2,08 | 0 | 550 | 975 | 23 | 28,4 | 27,0 | 0,6 |
| Médio. | 1,88 | 1,91 | 0,04 | 470 | 486 | 20 | 24,9 | 25,8 | 0,9 |

Assim, os indivíduos reprodutores caracterizavam-se por um peso de casulo de 1,91 g e um teor de seda no casulo de 25,8%, o que corresponde aos parâmetros previstos.

As propriedades tecnológicas dos casulos da raça foram estudadas através da análise de uma amostra retirada de todas as famílias (quadro 3.2.6).

**Quadro 3.2.6.**

**Indicadores tecnológicos da rocha C-5**

| Por ano | Peso do casulo seco, g | Rendimento da seda crua, em % | Total de produtos de seda, % | Número métrico do fio, % | DNRH, m | Capacidade de desprendimento do invólucro, % | Comprimento de produção do fio, m |
|---|---|---|---|---|---|---|---|
| 2011 | 0,747 | 46,9 | 51,82 | 3058 | 757 | 90,5 | 1011 |
| 2012 | 0,706 | 44,58 | 51,27 | 3159 | 776 | 88,24 | 996 |
| 2013 | - | - | - | - | - | - | - |
| 2014 | | | | | | | - |
| 2015 | 0,984 | 42,74 | 54,51 | 2547 | 821 | 78,55 | 1183 |
| Médio. | 0,812 | 44,7 | 52,50 | 2914 | 784 | 85,00 | 1063 |

Como se pode ver no quadro 3.2.6, os indicadores tecnológicos do C-5 não registaram alterações ao longo dos anos.

## § 3.3 Trabalho de reprodução e pedigree com a raça C-10 marcada com o sexo na fase grena

A raça C-10 é rotulada por sexo na fase de grena (grena escura - $$, castanha clara - $$). O trabalho de criação no departamento de genética foi iniciado em 2013. A raça foi criada em famílias.

Forma dos casulos C-10 alongada com ligeira interceção, com granulosidade fina. As borboletas fêmeas põem grãos castanhos escuros e castanhos claros. Das escuras é inoculado $$, das castanhas claras é inoculado $$. A $$ tem olhos escuros e a *$$* tem olhos castanhos claros. A vitalização da grena é de 96,8% em média, a viabilidade das lagartas é de 89,90%, a emergência das borboletas é de 7-8%, a taxa de desenrolamento do casulo é de 88-89%, o número métrico é de 3000-3100 unidades.

**Quadro 3.3.1.**

**Indicadores biológicos da raça C-10 durante três anos**

| Anos | Número de sementes, seleccionadas para incubação, pcs. | Revitalização da bolsa de valores. famílias, % | Número de famílias, seleccionadas para desenraizamento, pcs. | Engorda, famílias, % M±t | Vida de lagarta M±t | Peso cocoon, g. | Conchas, mg | Co., %. | Número de surdos % | Emergência de borboletas, % |
|---|---|---|---|---|---|---|---|---|---|---|
| 2013 | 111 | 95,6 | 66 | 90,2±0,2 | 90,2±0,6 | 1,58±0,01 | 414±0,2 | 26,2±0,3 | 3,3 | 5,5 |
| 2014 | 100 | 94,0 | 55 | 97,4±0,6 | 90,5±0,5 | 1,62±0,01 | 426±4,45 | 26,3±0,1 | 2,6 | 6,6 |
| 2015 | 40 | 98,5 | 45 | 96,5±0,6 | 81,6±1,1 | 1,72±0,01 | 430±2,9 | 25,0±0,6 | 2,0 | 10,89 |
| Cf. | 87 | 96,03 | 55 | 97,3±0,4 | 87,3±0,7 | 1,64±0,01 | 423±2,6 | 25,8±0,2 | 2,0 | 7,76 |

Em média, o renascimento das famílias incubadas é de 96,3% das famílias seleccionadas - 98,5%. Este valor não é mau e um índice de 25,8% também é considerado elevado.

Para ilustrar os resultados da figura 3.3.1, apresentamos os índices de peso dos casulos da raça C-10 para 3 anos de amostragem.

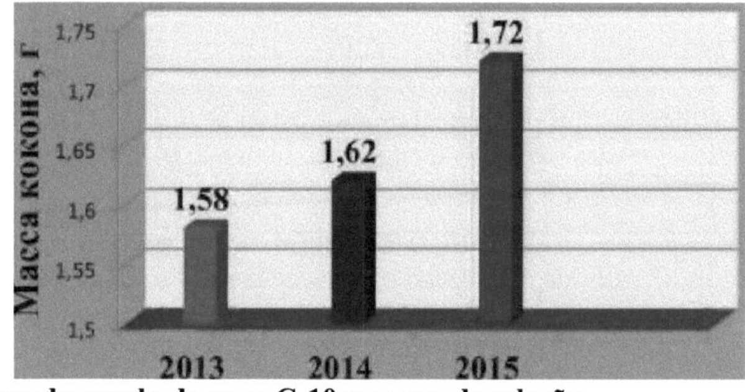


**Fig. 3.3.1 Peso do casulo da raça C-10 por ano de seleção**

A figura 2.3.1 mostra como o peso do casulo da raça C-10 cresce durante 3 anos de amostragem. Se em 2013 o peso do casulo era de 1,58 g, em 2015 o seu valor atingiu 1,72 g. Ao mesmo tempo, a sedosidade da raça era de 26,2%, 26,3%, 25,0% - valores muito elevados.

O tratamento biométrico dos dados mostrou que as famílias da raça C-10 diferiam nos índices principais e eram iguais no peso do casulo (quadro 3.3.2).

**Quadro 3.3.2.**

### Coeficiente de variação das famílias da raça C-10 por características biológicas durante três anos

| Por ano | Granadas de revitalização % | Modo de vida. gus.,% | Peso do casulo,g | Teor de seda % |
|---|---|---|---|---|
| 2013 | 2,0 | 5,0 | 6,3 | 2,3 |
| 2014 | 4,6 | 6,8 | 6,2 | 3,4 |
| 2015 | 1,0 | 8,2 | 5,8 | 8,2 |
| <u>Médio.</u> | 2,5 | 6,66 | 6,1 | 4,6 |

A viabilidade das lagartas variou em 6,66% e o teor de seda em 4,6% (quadro 3.3.2).
O quadro 3.3.3 apresenta o número de famílias amostradas e a sua caraterização.

**Quadro 3.3.2.**

### Intensidade de seleção das famílias de reprodutores e respectivos parâmetros biológicos na raça C-10

| Por ano | Número de famílias acolhidas | | | Inten. Seleção de famílias | Revitalizado. Greny % | Viabilidade da Caterpillar, % | Peso | | Conteúdo. Alvenaria, % |
|---|---|---|---|---|---|---|---|---|---|
| | Inc. | Youkor - | Reprodução - | | | | Koko e g. | seda. Obol., mg. | |
| 2013 | 129 | 66 | 38 | 57,6 | 95,6 | 91,1 | 1,58 | 414 | 26,2 |
| 2014 | 105 | 55 | 35 | 63,6 | 97,5 | 89,0 | 1,59 | 405 | 25,5 |
| 2015 | 45 | 45 | 36 | 80,0 | 98,5 | 81,7 | 1,72 | 430 | 25,0 |
| Total | 279 | 166 | 109 | 67,06 | 97,2 | 87,2 | 1,63 | 416 | 25,5 |

A partir dos resultados, as fêmeas destinadas a preparar as ninhadas do material de origem foram seleccionadas com uma intensidade média de 67,06%.

A intensidade da seleção foi avaliada pelo diferencial de seleção, calculado pelo excesso do desempenho das famílias reprodutoras em relação ao desempenho das famílias incubadas. O valor do diferencial de seleção é apresentado no quadro 3.3.4.

**Quadro 3.3.4.**

**Diferencial de seleção (S) nos indicadores biológicos das famílias de reprodutores da raça C-10**

| Nados-vivos, % de famílias | | S | Gisnespo. Gus. % de famílias | | S | Peso do casulo,g famílias | | S | Massa das conchas, mg famílias | | S | Teor de seda, % de famílias | | S |
|---|---|---|---|---|---|---|---|---|---|---|---|---|---|---|
| proincubo | tribos. | | Vyck. | pl. | | Vyck. | criação | | youk. | criação | | youk. | criação | |
| 90,0 | 95,6 | 5,6 | 91,1 | 93.1 | 2,0 | 1,58 | 1,56 | 0,02 | 414 | 410 | 4 | 26,2 | 26,3 | 0,1 |
| 94,0 | 97,4 | 31 | 89,0 | 90,5 | 1,5 | 1,61 | 1,52 | 0,01 | 410 | 426 | 16 | 25,5 | 26,3 | 0,8 |
| 98,5 | 98,5 | 0 | 79,6 | 81,7 | 2,1 | 1,72 | 1,72 | 0 | 421 | 430 | 9 | 24,6 | 25,0 | 0,4 |
| 94,1 | 97,1 | 3,0 | 80,5 | 88,4 | 1,9 | 1,63 | 1,63 | 0 | 415 | 432 | 7 | 25,4 | 25,83 | 0,43 |

A partir dos dados do quadro 3.3.4, verifica-se que o valor mais elevado do diferencial de seleção é observado para o reavivamento da grena e o peso da casca. No que diz respeito ao peso do casulo e à percentagem de bainha de seda, não foi possível selecionar famílias de seleção significativamente diferentes da totalidade das famílias. As características dos indivíduos reprodutores da raça são apresentadas no quadro 3.3.5.

**Quadro 3.3.5.**

**O valor do diferencial de seleção (S) por o desempenho dos indivíduos reprodutores C-10 durante três anos**

| Anos | N.º de IND. pro- nal Casulos, unidades | Seleção de criação. Especialidade. pcs | Peso do casulo,g | | S | Peso da casca, mg | | S | seda, % | | S |
|---|---|---|---|---|---|---|---|---|---|---|---|
| | | | Total | indivíduos reprodutores | | Total | indivíduos reprodutores | | material total | criação. Espécimes | |
| 2.13 | 918 | 694 | 1,56 | 1,56 | 0 | 396 | 404 | 8,0 | 24,8 | 29,9 | 1,1 |
| 2014 | 1068 | 621 | 1,61 | 1,62 | 0,01 | 410 | 425 | 16,0 | 23,5 | 26,3 | 0,8 |
| 2015 | 1812 | 662 | 1,84 | 1,74 | 0 | 440 | 444 | 4 | 25,3 | 25,5 | 0,2 |
| Cf. | 939 | 659 | 1,63 | 1,64 | 0,01 | 415 | 424 | 9,0 | 25,2 | 27,2 | 2,0 |

Os resultados mostram que os indivíduos reprodutores seleccionados para a preparação da grena tinham: massa do casulo de 1,04 g, massa da bainha de seda de 424 mg, teor de seda no casulo cru de 27,2%.

As propriedades tecnológicas dos casulos foram determinadas através do desenrolamento de uma amostra comum. Os resultados são apresentados no quadro 3.3.6.

**Quadro 3.3.6.**

**Indicadores tecnológicos de casulos da raça C-10 durante três anos**

| Anos | Peso do casulo seco, gr- | Total, % | | Número métrico do fio, unidades. | DNRH,m | Dividendo do total, % | Comprimento do fio de produção, m. |
|---|---|---|---|---|---|---|---|
| | | seda crua | produto total de seda. | | | | |

| 2013 | 0,932 | 34,75 | 40,84 | 2881 | 791 | 84,98 | 990 |
| 2014 | 0,729 | 43,0 | 54,30 | 3152 | 764 | 79,42 | 987 |
| 2015 | 0,750 | 40,15 | 50,15 | 2901 | 581 | 80,85 | 888 |
| Cf. | 0,803 | 39,30 | 48,43 | 2979 | 712 | 81,75 | 955 |

Em média, durante três anos, a raça caracteriza-se por um rendimento em seda crua de 39,3%. Tem um fio fino de 2979 unidades e

comprimento de produção de 955 metros de fio.

A figura 3.3.2 mostra os casulos da raça C-10.

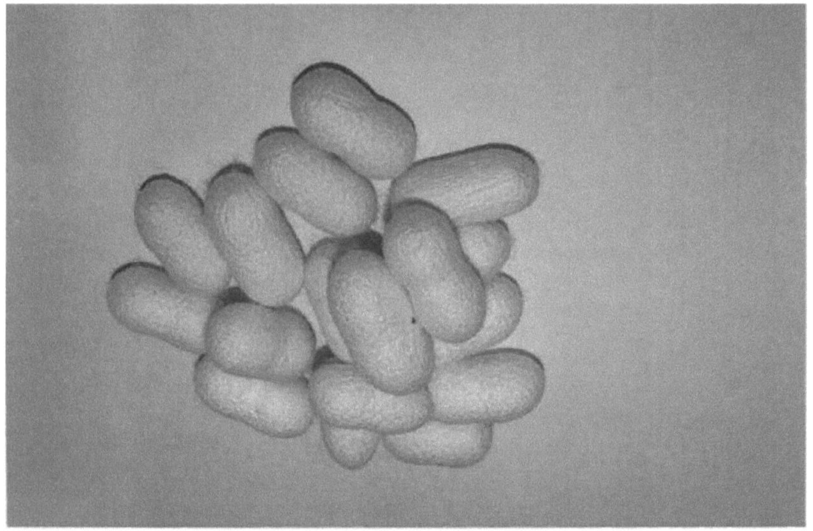

**Fig. 3.3.2 Casulos de raça C-10**

Os olhos das fêmeas da raça C-10 são escuros, os dos machos são castanhos claros, os casulos são alongados, com uma interceção, a sedosidade dos casulos crus é de 24-25%, o desenrolar do casulo é de 88-89%, o comprimento do desenrolar contínuo é de 900-1000 metros, o comprimento de produção do fio é de 1200-1250 metros. A grena deve ser dividida em castanha escura e castanha clara. Deve ser mantida anualmente uma relação sexual de 1:1^, caso contrário esta qualidade pode perder-se rapidamente. Todas as raças com marcação de sexo são muito sedosas.

Atualmente, esta raça está conservada no património genético do bicho-da-seda da amoreira.

### § 3.4  Trabalho de reprodução e pedigree com a raça C-12 marcada com o sexo
### na
### fase grena

Durante 5 anos, na primavera, foi efectuado um trabalho de melhoramento genético das plântulas, com o objetivo de melhorar a taxa de reanimação da grena, a viabilidade das lagartas e a retenção de seda no casulo.

A partir dos dados do quadro 2.4.1, verifica-se que a raça tem uma taxa de revivescência grena elevada de 97,1%, enquanto que para o conjunto das famílias incubadas é de 92,2-96,2%. A viabilidade das lagartas, em média, é igual a 80,6%, a sedosidade dos casulos aumenta de 24,0 para 26,2%.

As famílias da raça apresentam as maiores variações na viabilidade das lagartas (8,92%) e no peso do casulo (5,80%). No que respeita ao teor de seda dos casulos crus, as raças estão significativamente equiparadas (4,30) (quadro 3.4.2).

O quadro 2.4.3 mostra que a intensidade de seleção das famílias de reprodutores de todas as famílias alimentadas foi, em média, de 55,48%. A intensidade de seleção foi avaliada pelo valor do diferencial de seleção dos parâmetros biológicos das famílias reprodutoras.

**Quadro 3.4.1.**

**Indicadores biológicos da raça C-12 durante cinco anos**

| Anos | Número de sementes seleccionadas para incubação | Reavivamento genético das famílias incubadas, % | Número de famílias enviadas para engorda | Revitalização das galinhas de famílias engordadas, % M±sh | Vida das lagartas, % M±sh | Peso casulo, g M±sh | Peso concha de seda, mg M±sh | Sedosidade do casulo,% M±sh | Número de galos silvestres, % |
|---|---|---|---|---|---|---|---|---|---|
| 2011 | 144 | 96,2±0,25 | 56 | 96,5=1=0,13 | 74,6±1,17 | 1,61±0,014 | 387±3,72 | 24,0±0,01 | 12,57 |
| 2012 | 139 | 94,0±0,32 | 45 | 97,1=1=0,75 | 87,5±0,74 | 1,62±0,01 | 382±2,6 | 23,6±0,01 | 5,55 |
| 2013 | 103 | 94,8±0,41 | 56 | 97,4±0,22 | 83,5=1=0,98 | 1,78±0,01 | 445±3,7 | 25,0=1=0,01 | 5,57 |
| 2014 | 148 | 92,6±0,36 | 51 | 97,6=1=0,18 | 82,8±1,5 | 1,81±0,01 | 474±4,2 | 26,2±0,18 | 7,26 |
| 2015 | PO | 92,2±0,60 | 61 | 97,0±0,4 | 75,0±1,03 | 1,89±0,015 | 494±4,17 | 26,0±0,11 | 12,4 |
| Cf. | 644 | 93,96±0,38 | 269 | 97,12=1=0,33 | 80,68±1,08 | 1,74±0,01 | 436,4±3,67 | 24,9±0,08 | 8,67 |

Quadro 3.4.2.

**Variação das famílias da raça C-12 por índices biológicos por anos**

| Anos | Coeficiente de variação (Cv) | | | |
|---|---|---|---|---|
| | A revitalização da grena | viabilidade da lagarta | peso do casulo | % bainha de seda |
| | | 10,4 | 6,80 | 3,40 |
| 2011 | 7,74 | 10,1 | 4,32 | 4,20 |

| 2012 | 5,25 | 8,0 | 5,06 | 6,20 |
|---|---|---|---|---|
| 2013 | 1,6 | 7,25 | 6,5 | 4.98 |
| 2014 | 1,33 | 8,85 | 6,34 | 2,73 |
| 2015 | 3.2 | 8,92 | 5,80 | 4,30 |
| Cf. | 3,76 | | | |

**Quadro 3.4.3.**

**Intensidade de seleção das famílias de reprodutores da raça C-12 e suas características por anos**

| Número de famílias acolhidas | | | Intensidade de seleção das famílias reprodutoras a partir do número de famílias engordadas, % | Revitalização de Grena,% | Viabilidade da Caterpillar, % | Peso | | % de concha de seda | % área de surdos |
|---|---|---|---|---|---|---|---|---|---|
| incubação | frango que engorda | tribo | | | | casulo,g | concha de seda, mg | | |
| 144 | 56 | 32 | 57,0 | 98,3 | 81,0 | 1,62 | 393,8 | 24,3 | 8,72 |
| 139 | 45 | 24 | 53,3 | 97,2 | 91,4 | 1,64 | 398,0 | 24,2 | 4,25 |
| 103 | 56 | 28 | 50,0 | 97,5 | 90,2 | 1,79 | 450,0 | 25,1 | 5,03 |
| 148 | 51 | 38 | 74,5 | 97,5 | 84,4 | 1,81 | 474,0 | 26,5 | 6,53 |
| PO | 61 | 26 | 42,6 | 95,0 | 82,6 | 1,91 | 503,0 | 26,3 | 8,4 |
| 644 | 269 | 148 | 55,48 | 97,1 | 85,92 | 1,75 | 443,7 | 25,2 | 6,58 |

**Quadro 3.4.4.**

**Diferencial de reprodução sobre os indicadores biológicos das famílias de reprodutores da raça C-12**

| Goh furos | Reavivamento da Grena, % de famílias | | S | Viabilidade . gus. %, famílias | | S | Peso do casulo,g famílias | | S | Peso da seda, % das famílias | | S | % de bainha de seda, famílias | | S |
|---|---|---|---|---|---|---|---|---|---|---|---|---|---|---|---|
| | incubado | pedigrees | | tomadas para engorda | Tribal | | engordado | Tribal | | tomadas para engorda | pluma de | | tomadas para engorda | pedigrees | |
| 2011 | 96,2 | 98,3 | 2,1 | 74,6 | 81,8 | 6,4 | 1,61 | 1,62 | 0,01 | 387 | 393 | 6 | 24,0 | 24,3 | 0,3 |
| 2012 | 94,0 | 97,1 | 3.1 | 87,5 | 91,4 | 3,9 | 1,62 | 1,64 | 0,02 | 382 | 398 | 16 | 23,6 | 24,2 | 0,06 |
| 2013 | 94,8 | 97,5 | 2,7 | 83,5 | 90,2 | 6,7 | 1,78 | 1,79 | 0,01 | 445 | 450 | 5 | 25,0 | 25,1 | 0,1 |
| 2014 | 92,6 | 97,5 | 4,9 | 82,8 | 84,4 | 1,6 | 1,81 | 1,81 | 0,00 | 474 | 474 | 0 | 26,2 | 26,5 | 0,3 |

| 201 5 | 92,2 | 95,0 | 2,8 | 75,0 | 82,6 | 7,6 | 1,89 | 1,91 | 0,02 | 494 | 503 | 9 | 26,0 | 26,3 | 0,3 |
| Cf. | 94,0 | 97,0 | 3,0 | 80,7 | 86,0 | 5,3 | 1,74 | 1,75 | 0,01 | 436 | 443,6 | 9 | 24,9 | 25,3 | 0,2 |

Quadro 3.4.5.

**Caracterização por indicadores biológicos dos indivíduos reprodutores da raça C-12 por anos**

| Anos | Peso do casulo, g | | | Peso da bainha de seda, em % | | | % bainha de seda | | |
|---|---|---|---|---|---|---|---|---|---|
| | material total | animais reprodutores | S | material total | animais reprodutores | S | material total | animais reprodutores | S |
| 2011 | 1,61 | 1,63 | 0,02 | 387 | 412 | 25 | 24,0 | 25,3 | 1,3 |
| 2012 | 1,62 | 1,64 | 0,02 | 382 | 411 | 29 | 23,6 | 25,1 | 1,5 |
| 2013 | 1,78 | 1,79 | 0,01 | 445 | 460 | 15 | 25,0 | 25,7 | 0,7 |
| 2014 | 1,81 | 1,83 | 0,02 | 474 | 486 | 12 | 26,2 | 26,6 | 0,4 |
| 2015 | 1,89 | 1,96 | 0,07 | 494 | 531 | 37 | 26,0 | 27,1 | 1,1 |
| Cf. | 1,74 | 1,77 | 0,03 | 436 | 460 | 24 | 24,9 | 26,0 | 1,1 |

Os dados do quadro 3.4.4 mostram que os valores mais elevados foram a revivescência da grena e a viabilidade das lagartas. Ao mesmo tempo, a diferença entre todas as famílias incubadas e as seleccionadas para a reprodução foi de 3,0 e a viabilidade de 5,3%. Assim, o renascimento das famílias reprodutoras foi de 97,0% e a viabilidade das lagartas de 86,0%.

Não foi possível selecionar famílias reprodutoras que diferissem significativamente de toda a população de famílias no que respeita ao peso do casulo e da bainha e à percentagem de bainha de seda. Os indivíduos reprodutores foram seleccionados pelo método de seleção individual.

Os dados do quadro 3.4.5 mostram que os indivíduos reprodutores seleccionados para as primeiras ninhadas tinham um peso de casulo de 1,77 g, uma bainha de seda de 460 mg e um teor de seda no casulo cru de 26,0%. Os indivíduos reprodutores da época de 2015 caracterizavam-se particularmente por um elevado desempenho, sendo o teor de seda, por exemplo, de 26,6-27,1%.

Para ilustrar os resultados obtidos, a figura 2.4.1 mostra os valores do peso da bainha de seda da raça C-12 por ano de seleção.

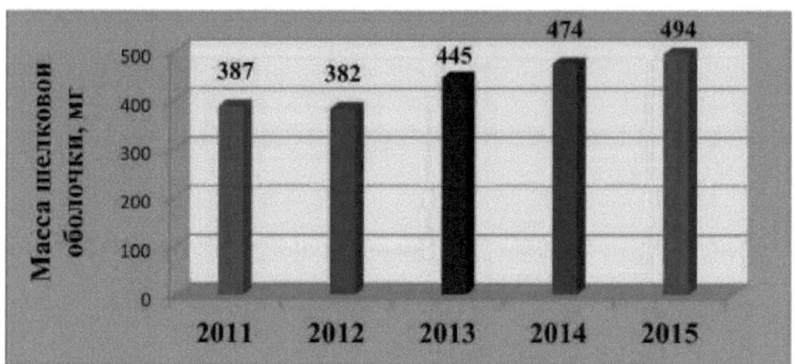


**Fig. 3.4.1 Peso da bainha de seda da raça C-12 por ano de seleção**

A figura 3.4.1 mostra claramente como 5 anos de reprodução selectiva aumentaram a massa do casulo da raça C-12 de 387 mg em 2011 para 494 mg na
2015. O peso do casulo e a sedosidade aumentaram simultaneamente com o peso da casca (Quadro 3.4.1).

As características tecnológicas dos casulos da raça foram determinadas através do desenrolamento da imagem total constituída por todas as famílias criadas. Em média, de acordo com os dados de cinco anos, a raça caracteriza-se por um rendimento em seda crua de 43,37%, uma finura de fio de 3156ed. e um comprimento de fio de produção de 1150m.

**Quadro 3.4.6.**

**Indicadores tecnológicos da raça C-12 por anos**

| Anos | | Total, % | | Número | DNRH,m | | Comprimento |
|---|---|---|---|---|---|---|---|
| | Peso do casulo seco, gr- | seda crua | de todos os produtos de seda. | métrico do fio, unidades. | | Capacidade de desprendimento do invólucro, % | do fio de produção, m. |
| 2011 | 0,661 | 45,15 | 51,17 | 3531 | 705 | 88,2 | 1105 |
| 2012 | 0,712 | 42,44 | 50,24 | 3269 | 743 | 84,64 | 1003 |
| 2013 | 0,905 | 44,25 | 52,06 | 3020 | 841 | 85,01 | 1283 |
| 2014 | 0,875 | 43,3 | 50,89 | 3062 | 822 | 85,1 | 1184 |
| 2015 | 0,900 | 41,25 | 90,43 | 2901 | 751 | 81,75 | 1177 |
| Cf. | 0,810 | 43,27 | 90,95 | 3156 | 772 | 84,94 | 1150 |

A figura 3.4.2 mostra os casulos da raça C-12.

**Fig. 3.4.2 Casulos de raça C-12**

Os casulos da raça C-12 são ovalados e arredondados, muito sedosos - 2425%. Os grãos são escuros e brancos. Dos ovos escuros saem as fêmeas e dos ovos claros saem os machos.

Os olhos das borboletas fêmeas são escuros. Os olhos dos machos são brancos.

A vitalização do grão é de 96,6%, a viabilidade é de 89,91%, e eles vão para o curling de forma amigável.

<h3 align="center">§ 3.5 Utilização de partenoclones como raça-mãe para a hibridação industrial</h3>

Os partenoclones fêmeas isogénicos podem ser utilizados como raça-mãe para a hibridação entre raças. B.L. Astaurov escreveu sobre esta possibilidade [24;p.130-141]. As vantagens da utilização de partenoclones para a hibridação entre raças são as seguintes

1. O híbrido Fi, obtido a partir do cruzamento de fêmeas partenoclonais com machos da raça convencional, distingue-se dos híbridos convencionais por uma maior rusticidade e igualização em todos os caracteres.

2. A constância genética das fêmeas partenoclonais permitirá excluir o trabalho de reprodução dispendioso e trabalhoso em instituições de investigação científica e em estações de reprodução de seda.

3. A presença de fêmeas solteiras nos partenoclones é igualmente útil para a produção, uma vez que permitirá a preparação de galinhas híbridas com 100% de pureza, sem recorrer à separação trabalhosa, dispendiosa e muito imprecisa das fêmeas e dos machos na fase de casulo para efeitos de cruzamento.

O efeito económico da preparação de grenas híbridas com fêmeas partenogenéticas será muito elevado.

Os híbridos resultantes do cruzamento de fêmeas partenogenéticas com machos normais de outras raças caracterizam-se por qualidades elevadas (quadro 3.5.1).

**Quadro 3.5.1.**

**Características dos híbridos do bicho-da-seda da amoreira obtidos a partir do
cruzamento de fêmeas de partenoclones da raça SANIISH 30 com machos da
raça C-5 (2011)**

| Híbrido | Paulo | G de incapacidade,% | | Peso | | Silkiness, % ' | Rendimento da seda, % |
|---|---|---|---|---|---|---|---|
| | | embrião nal | postamb rnonal nal | KOKO pa r | casca,mg | | |
| Tetragnbrida 3 (controlo) | | 97,0 | 98 Л | 2,15 | 482 | 22,4 | 100,0 |
| PC 5M0xC- 5 | | 98,7 | 95,6 | 2,15 | 533 | 24,8 | 112,7 |
| PC 153x05 | 'd | 99,0 | 982 | 2,08 | 301 | 25.2 | 117,7 |

Dos dados apresentados no quadro 3.5.1, obtidos em boas condições ecológicas de alimentação das lagartas, conclui-se que os novos híbridos superam o híbrido de controlo Tetrahybrid 3 em termos de viabilidade, sedosidade, rendimento em seda crua e outros indicadores. Em condições mais severas, esta diferença será ainda maior.

Em condições de produção, este híbrido teve um rendimento de 74 kg de casulos por caixa de grena, contra 64,5 kg do híbrido de controlo Tetrahybrid 3. Pela primeira vez na história da criação mundial de seda, os ensaios de produção provaram a possibilidade de preparar híbridos de grena a partir de partenoclones e a elevada produtividade dos híbridos obtidos a partir deles em condições de produção.

Em resultado dos ensaios nas estações, foram identificadas as melhores combinações híbridas com partenoclones. Estes híbridos foram, em devido tempo, aceites para ensaio pela State Crop Testing Commission.

O quadro 3.5.2 apresenta os parâmetros biológicos dos clones criados do bicho-da-seda da amoreira.

**Quadro 3.5.2.**

**Parâmetros biológicos dos clones partenogenéticos (2011-2013)**

| Nome dos clones | Parthenogenesgus. rendimento, % | Viabilidade da Caterpillar, % | Peso do casulo, g | Peso da casca, mg | Teor de seda, % |
|---|---|---|---|---|---|
| A-153 pc | 75,33±0,33 | 89,1±1,91 | 1,90±0,056 | 402±13,05 | 21,2±0,12 |
| A-218pk | 87,0±0,29 | 82,7± 1,21 | 1,90±0,042 | 394±9,54 | 20,6±0,175 |
| A-238 pk | 89,5±0,65 | 82,7±0,87 | 1,80±0,018 | 368±1,76 | 20,4±0,196 |
| A-261 pc | 87,67±2,41 | 90,0± 1,18 | 1,91±0,09 | 370±14,4 | 19,4±0,250 |
| 51 -40 pk. | 86,02±0,86 | 89,1±1,04 | 1,86±0,07 | 368±16,38 | 19,8±0,29 |
| 9 unidades | 80,0±1,92 | 88,5±1,27 | 1,61±0,07 | 354±12,8 | 20,7±0,23 |
| 43 unidades | 85,4±0,83 | 85,9±1,88 | 1,8 MAS,06 | 355±31,4 | 21,8±0,32 |
| 29 unidades | 91,33±77 | 95,9±1,20 | 1,74±0,09 | 238±10,02 | 13,7±0,25 |
| SANIISH-30 | 97,6±0,56 | 82,7±1,43 | 1,66±0,013 | 3,31±4,35 | 23,6±0,199 |

| (k) |  |  |  |  |  |
|---|---|---|---|---|---|

Como se depreende do quadro, o rendimento das lagartas partenogenéticas varia entre 75,33-91,33%, o que é inferior ao da raça de oboépole de controlo SANIISH-30. Isto pode ser explicado pelo facto de os clones serem representados por fêmeas e estas serem o sexo menos produtivo. O peso do casulo varia de 1,61 g a 1,91 g, a bainha 238-402 mg, a sedosidade de 13,7 a 21,8%. Deve ser dada especial atenção aos clones AIC, 9pk, A-153pk, A-218pk, 51-40pk, que são amplamente utilizados para hibridação.

A figura 3.5.1 mostra casulos de clones partenogenéticos.

A figura 3.5.2 mostra borboletas partenoclónicas fêmeas.

**Fig. 3.5.1 Casulos de bichos-da-seda fêmeas partenogenéticos da amoreira**

**Fig. 3.5.2 Borboletas homogéneas constantes - fêmeas clonadas**

Como já foi referido, os clones partenogenéticos são representados por indivíduos do sexo feminino, o que afecta os indicadores biológicos, uma vez que os machos do bicho-da-seda da amoreira, em comparação com as fêmeas, são 15-16% mais sedosos e a sua viabilidade é mais elevada.

De seguida, apresentamos uma tabela com os coeficientes de variação para as características biológicas (Tabela 3.5.3).

**Quadro 3.5.3.**

**Coeficientes de variação dos traços biológicos**

**clones partenogenéticos (201102013)**

| Nome dos clones | Viabilidade da Caterpillar, % | Peso | | Sedosidade dos casulos, % |
| --- | --- | --- | --- | --- |
| | | casulo,g | casca,mg | |
| A-153 pc | 6,59 | 7,88 | 7,90 | 1,44 |
| A-218pk | 8,20 | 5,26 | 8,84 | 12,80 |
| A-238 pk | 5,2 | 5,38 | 12,52 | 0,38 |
| A-261 pc | 16,6 | 3,19 | 4,27 | 2,84 |
| 51.40 pk. | 9,34 | 4,19 | 5,32 | 3,08 |
| 113 pk. | 6,11 | 8,80 | 5,98 | 2,44 |

Os dados do quadro mostram que as variações nas características biológicas não são grandes, o que confirma a homogeneidade dos clones partenogenéticos. O quadro seguinte mostra a análise tecnológica dos partenoclones (quadro 3.5.4).

**Quadro 3.5.4.**

**Indicadores tecnológicos dos partenoclones (2011-2013)**

| Nomes. Clones | Peso de coque seco, g. | Saída | | Métrica. Número, unidades. | DNRCN, m. | Descontrair, % | Produção. Comprimento, m. |
| --- | --- | --- | --- | --- | --- | --- | --- |
| | | seda crua,% | silko prod. | | | | |
| A-153 pc | 0,630 | 41,27 | 48,81 | 3110 | 6681 | 84,55 | 831 |
| A-218pk | 0,537 | 35,24 | 42,11 | 3827 | 571 | 83,69 | 735 |
| A-238 pk | 0,599 | 36,64 | 42,90 | 3541 | 595 | 85,88 | 804 |
| A-261 pc | 0,542 | 43,02 | 49,71 | 3663 | 627 | 86,54 | 864 |
| 51.40 pk. | 0,521 | 37,04 | 46,06 | 3991 | 585 | 80,42 | 731 |
| 113 pk. | 0,460 | 33,70 | 41,66 | 2859 | 576 | 82,88 | 914 |

O quadro 3.5.4 mostra que os parâmetros tecnológicos dos partenoclones são bastante elevados. O número métrico do clone 5140pk atinge 3991 unidades e o do clone A-218pk - 3827 unidades. A capacidade de desenrolamento dos casulos do clone A=238pk é de 85,88% e do clone A-261 é de 86,54%. O rendimento da seda do clone A-153pk foi de 48,81%, o do clone A-261pk - 49,7%.

Estas elevadas características tecnológicas do fio de seda dos casulos confirmam mais uma vez o valor dos casulos como componentes para a hibridação, uma vez que os clones não só proporcionam heterose e estabilidade dos parâmetros biológicos, como também podem alterar para melhor as propriedades tecnológicas do fio de seda.

A figura 3.5.3 mostra casulos dos clones 113pc e 29pc, que também podem ser de interesse para os criadores. Trata-se de clones de casulos amarelos.

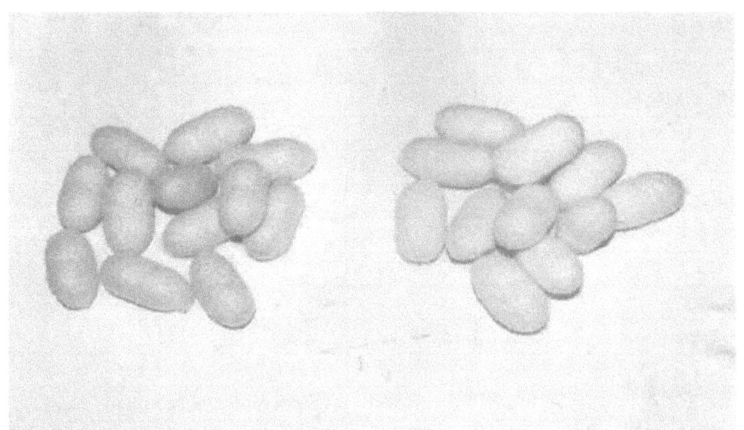

**Fig. 3.5.3 Casulos do clone-113 à esquerda, casulos do clone-29 à direita**

A figura 3.5.3 mostra os casulos do Clone-29 e do Clone-113. Estes clones foram obtidos há mais de 80 anos. A viabilidade das lagartas é muito elevada, com um teor de seda de 14,5-15,0%. São constituídas por uma fêmea. São utilizadas para trabalhos de reprodução.

## § 3.6   Testes laboratoriais de híbridos na secção de Nukus da TashGAU

Simultaneamente com o melhoramento e a manutenção de raças e clones promissores neste estudo, foram criados e testados durante vários anos híbridos com as raças e clones acima referidos como seus componentes. Infelizmente, devido a dificuldades organizacionais e económicas, as raças C-10 e C-12 não foram utilizadas na hibridação. É de notar que os híbridos são testados em grande número (21 híbridos). No quadro 3.6.1 apresentamos as características destes híbridos.

Do quadro resulta que os melhores híbridos foram: C-13 x C-14, Meechennaya 1 x Meechennaya 2, SANIIISH 30 x Meechennaya 1, C-5 x SANIIISH 30, 9 pk x Meechennaya 1, 9 pk x C-5. Todos estes híbridos se caracterizam por uma boa viabilidade e sedosidade.

**Quadro 3.6.1.**

**Indicadores biológicos dos híbridos (2011-2013)**

| Nome dos híbridos | Tempo de vida. Lagartas, % | Peso casulo,g | casca, mg | Contido. Seda, % |
|---|---|---|---|---|
| C-13 x C-14 | 97,1 | 1,90 | 478 | 25,2 |
| Juramentado 1 x Juramentado 2 | 98,0 | 2,04 | 487 | 23,8 |
| SUNYISH 30 x Marhamat | 97,6 | 2,14 | 499 | 23,3 |
| Marhamat x SANIISH 30 | 96,7 | 2,01 | 447 | 22,2 |
| SANIISH 30 x Esfregaço 1 | 94,5 | 2,0 | 485 | 24,3 |
| Esfregaço 1 x SANIISH 30 | 95,1 | 1,76 | 423 | 24,0 |
| C-5 x SANIISH 30 | 97,1 | 2,0 | 475 | 23,7 |

| | | | |
|---|---|---|---|
| AF238 pk x Mechennaya 1 | 95,1 | 2,09 | 469 | 22,4 |
| 9 pk x Mechennaya 1 | 97,1 | 1,92 | 472 | 24,6 |
| AF153 pk x Mechennaya 1 | 92,2 | 2,14 | 484 | 22,6 |
| 51.40 pk x Espada 2 | 95,2 | 1,85 | 432 | 23,3 |
| A-261 pk x Mechennaya 1 | 96,0 | 1,87 | 419 | 22,4 |
| A-218 pk x Mechennaya 1 | 92,4 | 1,63 | 372 | 22,8 |
| A-238 pk x C-5 | 96,7 | 2.07 | 470 | 22,7 |
| A-261 pk x C-5 | 98,0 | 2,09 | 446 | 21,3 |
| 9 pk x C-5 | 97,8 | 1,94 | 455 | 23,4 |
| A-153 pk x C-14 | 95,3 | 2,15 | 481 | 22,3 |
| A-238 pk x C-14 | 98,4 | 2,0 | 452 | 22,6 |
| 51.40 pk x C-14 | 98,9 | 2,02 | 473 | 23,3 |
| 9 pk x C-14 | 95,5 | 1,95 | 452 | 23,1 |
| A-238 pk x Orzu | 98,7 | 2,17 | 506 | 23,2 |

A alta viabilidade das lagartas de praticamente todos os híbridos investigados chama a atenção. Mas os melhores híbridos em termos de viabilidade são os híbridos: Mechennaya 1 x Mechennaya 2 - 98,0%, A-261 PC x C-5 - 98,0%, A-238 PC x C-14 - 98,4%, 51.40PC x C-14 - 98,9%, A-238 PC x Orzu - 98,7%. É interessante notar que um dos parceiros destes híbridos são clones partenogenéticos.

Os híbridos Mechennaya 1 x Mechennaya 2, SANIISH 30 x Markhamat, A-238 PC x Mechennaya 1, A-153 PC x Mechennaya 1, A-238 PC x C-5, A-261 PC x C-5, A-153 PC x C14, A-238 PC x Orzu apresentam um peso de casulo elevado (mais de dois gramas).

O grau de sedosidade dos híbridos estudados é bastante elevado, de 21,3% a 25,2%, sendo os híbridos mais sedosos os seguintes: C-13 x C-14 - 25,2%, SANIISH 30 x Mechennaya 1 - 24,3%, Mechennaya 1 x SANIISH 30 - 24,0%, 9PK x Mechennaya 1 - 24,6%. É de notar que um dos componentes destes híbridos são raças com marcação de sexo ou partenoclones.

A participação de raças com marcação de sexo nos híbridos facilita ainda mais a tarefa de separação do material por sexo, uma vez que as plantas de reprodução recebem casulos partenoclonais constituídos apenas por fêmeas e casulos com marcação de sexo constituídos apenas por machos. Ao separar os casulos clonais para reprodução, a maioria dos casulos (86-88%) permanece para reprodução, uma vez que estes casulos são geneticamente homogéneos. Os casulos de machos de raças sexuadas são seleccionados de acordo com as regras existentes. Os híbridos entre clones e raças com marcação de sexo são fáceis de preparar e têm 100% de pureza [113], [111;p.89], [112;p.343-349].

Numa experiência de investigação separada, foram testados híbridos dos clones AIC, 9PK com as raças C-14, MCH, Ya-120. Os resultados são apresentados nos quadros 3.6.2 e 3.6.3.

Em 2015, 2016 e 2017, todos os híbridos foram alimentados com misturas em três repetições de 200 lagartas cada. As ninhadas com o melhor desempenho reprodutivo foram seleccionadas para alimentação (Tabela 3.6.2).

**Quadro 3.6.2.**
**Desempenho reprodutivo dos híbridos em estudo por anos**

| N.º de artigos | Nome dos híbridos | anos | Número de ovos normais, pcs | Peso dos ovos normais, MG | Peso de 1 ovo, mg |
|---|---|---|---|---|---|
| 1 | AIC x MG | 2015 | 565 | - | - |
| | | 2016 | 589 | 287 | 0,488 |
| | | 2017 | 626 | 302 | 0,483 |
| 2 | AIC x Ya-120 | 2015 | 594 | - | - |
| | | 2016 | 595 | 257 | 0,472 |
| | | 2017 | 639 | 323 | 0,506 |
| 3 | AIC x C-14 | 2015 | 582 | - | - |
| | | 2016 | 589 | 290 | 0,493 |
| | | 2017 | 637 | 308 | 0,483 |
| 4 | 9PC x MG | 2015 | 577 | - | - |
| | | 2016 | 566 | 253 | 0,473 |
| | | 2017 | 634 | 320 | 0,505 |
| 5 | 9PKxYa-120 | 2015 | 540 | - | - |
| | | 2016 | 500 | 231 | 0,472 |
| | | 2017 | 637 | 319 | 0,501 |
| 6 | 9PKxS-14 | 2015 | 572 | - | - |
| | | 2016 | 570 | 221 | 0,470 |
| | | 2017 | 622 | 304 | 0,488 |

O quadro 3.6.2 mostra que os melhores desempenhos reprodutivos nos três anos de investigação foram os híbridos AIC x C-14. AIC x Ya-120, AIC x MG. É interessante que os componentes de 2 destes híbridos são raças com marcação de sexo C-14 e MG, que têm alterações nos genomas.

Para maior clareza, os dados sobre o número de ovos normais nas ninhadas de híbridos antes e depois da seleção são apresentados na figura 3.6.1.

A figura 3.6.1 mostra claramente a evolução do número de ovos nas ninhadas dos híbridos de raças clonais após 3 anos de seleção. Os híbridos AIC x Ya-120 (639 unidades), AIC x C-14 (637 unidades), 9PK x Ya-120 (637 unidades) foram os melhores em termos de número de grenhas normais na ninhada. O aumento do número de ovos nas ninhadas dos híbridos ocorreu em conformidade com o aumento do número de ovos nas ninhadas das raças.

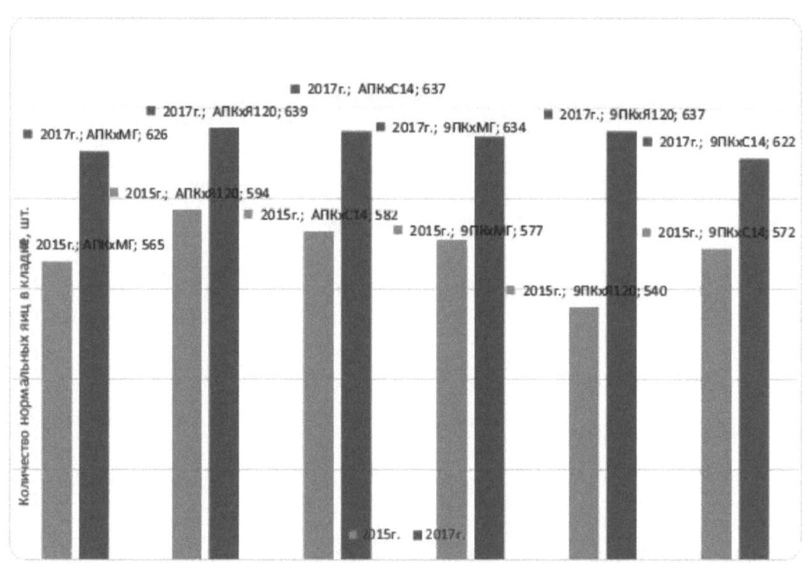


**Figura 3.6.1 Número de ovos normais em ninhadas de híbridos antes e depois da seleção**

Quadro 3.6.3.

**Parâmetros biológicos dos híbridos de reprodução clonal por anos.**

| № № | Híbridos | anos | Viabilidade da Caterpillar, % | Peso médio | | Sedosidade, % |
|---|---|---|---|---|---|---|
| | | | | casulo, g | casca, mg | |
| 1 | 2 | 3 | 4 | 5 | 6 | 7 |
| 1 | AIC x MG | 2015 | 87,2 | 1,67 | 379 | 22,4 |
| | | 2016 | 96,6 | 1,87 | 424 | 22,8 |
| | | 2017 | 98,0 | 1,45 | 322 | 22,3 |
| 2 | AIC x Ya-120 | 2015 | 95,0 | 1,63 | 358 | 22,0 |
| | | 2016 | 94,8 | 1,69 | 408 | 21,6 |
| | | 2017 | 93,5 | 1,44 | 318 | 22,1 |
| 3 | AIC x C-14 | 2015 | 95,7 | 1,62 | 385 | 23,8 |
| | | 2016 | 94,0 | 1,85 | 407 | 22,2 |
| | | 2017 | 94,5 | 1,65 | 369 | 22,3 |
| 4 | 9PC x MG | 2015 | 94,3 | 1,54 | 341 | 22,1 |
| | | 2016 | 97,2 | 1,91 | 421 | 22,0 |
| | | 2017 | 93,7 | 1,73 | 370 | 21,7 |
| 1 | 2 | 3 | 4 | 5 | 6 | 7 |
| 5 | 9PKxYa-120 | 2015 | 93,7 | 1,65 | 369 | 21,4 |
| | | 2016 | 97,1 | 1,96 | 418 | 21,3 |
| | | 2017 | 93,7 | 1,65 | 382 | 23,2 |
| 6 | 9PKxS-14 | 2015 | 94,0 | 1,60 | 373 | 23,3 |

| | 2016 | 95,5 | 1,84 | 394 | 21,6 |
|---|---|---|---|---|---|
| | 2017 | 97,3 | 1,65 | 363 | 22,4 |

Como se pode ver no quadro 3.6.3, a viabilidade foi bastante elevada (de 87,2 a 98,0%) durante todos os anos do estudo. As lagartas desenvolveram-se bem, de forma homogénea, fizeram a muda de forma amigável e emergiram rapidamente nos casulos. Este comportamento é típico das lagartas de híbridos de reprodução clonal, como indicado por Strunnikov V.A. et al. [110;p.3-324], [113] e é muito valioso na criação prática de seda.

À primeira vista, os indicadores não parecem muito elevados. No entanto, há que ter em conta as outras vantagens dos híbridos de reprodução clonal, referidas na introdução, e, sobretudo, a pureza da preparação.

Em 2017, os melhores em termos de viabilidade da lagarta foram os híbridos: AIC x MG - 98,0%, 9PK x C-14 - 97,3%, por peso de casulo 9PK x MG - 1,73 g, AIC x C-14 - 1,65 g, por sedosidade dos casulos 9PK x Ya-120 - 23,2%, 9PK x C-14 - 22,4%. De acordo com a totalidade dos melhores indicadores biológicos, podemos destacar os híbridos: 9PK x C-14, AIC x MG. É digno de nota o facto de um dos componentes destes híbridos ser o C-14 e o MG marcados pelo sexo.

A raça C-14 é uma raça geneticamente modificada, mas tem parâmetros biológicos consistentemente elevados com baixos coeficientes de variação (quadro 2.2.4), o que indica o seu equilíbrio genético. A raça C-14 tem sido amplamente zoneada em todo o Uzbequistão desde 1989 como componente dos híbridos C-14 x C-13, C-13 x C-14 (certificado de invenção nº 9003649 e nº 9003630). Os híbridos com a sua participação apresentaram excelentes resultados.

A raça MG é determinada pelo sexo na fase de lagarta, ou seja, tem uma translocação no genoma, mas apesar disso tem um elevado desempenho (quadro 2.2.4) e como componente dos híbridos Meechenna 1 x Meechenna 2, Meechenna 2 x Meechenna 1 foi zonada em todo o Uzbequistão.

Para maior clareza, mostrámos a variação do nível de silkiness dos híbridos por ano na Figura 3.6.2.

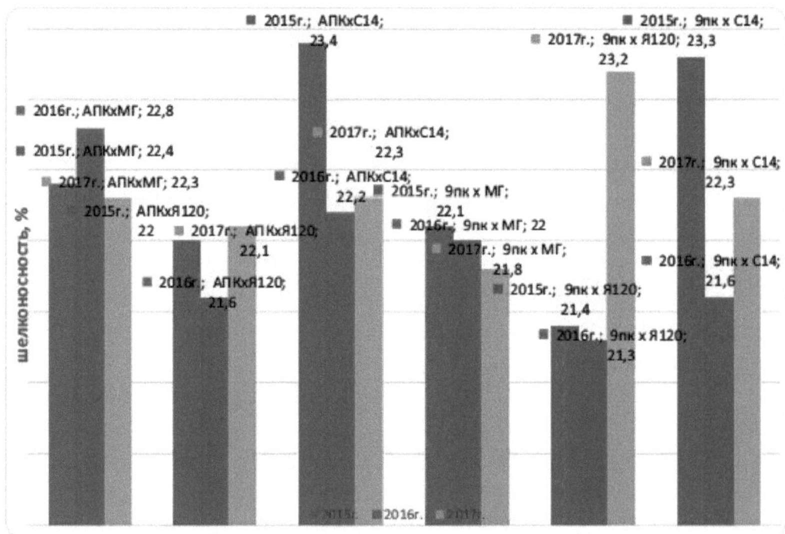


**Fig. 3.6.2 Silkiness de híbridos por ano**

A figura 3.6.2 mostra que os 3 melhores anos para silkiness são os híbridos AIC x MG (22,3 - 22,8%), AIC x C-14 (22,2 x 23,8%), 9PK x C-14 (21,5-23,3%).

A diminuição do grau de sedosidade dos híbridos em 2016 esteve em consonância com a diminuição do grau de sedosidade das raças que os compõem. As geadas no início da primavera de 2015, o atraso no início da bifurcação e a alimentação com folhas imaturas em tempo quente levaram a um declínio do desempenho de muitas raças e híbridos em 2016. No entanto, o início da primavera chuvosa de 2016 e as boas condições climáticas em 2017 favoreceram a manifestação óptima do potencial genético das raças e híbridos. A sedosidade aumentou visivelmente.

O desempenho tecnológico dos híbridos de reprodução clonal também foi recolhido.

**Quadro 3.6.4.**

**Indicadores tecnológicos dos híbridos de reprodução clonal por anos**

| № | Nome dos híbridos | Anos | Peso de 1 casulo seco, g | Rendimento, % | | Número métrico da rosca | DNRCN, m | Comprimento total da rosca, m |
|---|---|---|---|---|---|---|---|---|
| | | | | seda crua, % | produtos de seda | | | |
| 1 | AIC x C-14 | 2015 | 0,689 | 46,96 | 50,90 | 3880 | 648 | 654 |
| | | 2016 | 0,702 | 44,93 | 48,79 | 3448 | 1067 | 1067 |
| | | 2017 | 0,686 | 41,74 | 47,01 | 3436 | 942 | 1042 |
| 2 | AIC x MG | 2015 | 0,742 | 41,88 | 47,68 | 3636 | 908 | 1108 |
| | | 2016 | 0,918 | 44,07 | 47,84 | 3333 | 800 | 1300 |
| | | 2017 | 0,569 | 44,30 | 49,07 | 4065 | 883 | 1133 |
| 3 | AIC x Ya-120 | 2015 | 0,610 | 47,33 | 50,10 | 3448 | 1050 | 1275 |
| | | 2016 | 0,867 | 46,21 | 48,22 | 2994 | 1058 | 1158 |
| | | 2017 | 0,629 | 42,92 | 48,11 | 3906 | 725 | 1183 |

| | | 2015 | 0,682 | 45,26 | 50,01 | 3649 | 858 | 1275 |
|---|---|---|---|---|---|---|---|---|
| 4 | 9PKxS 14 | 2016 | 0,802 | 41,72 | 46,31 | 3300 | 775 | 1150 |
| | | 2017 | 0,713 | 44,10 | 49,22 | 3356 | 867 | 1108 |
| | | 2015 | 0,754 | 44,19 | 47,84 | 3558 | 1100 | 1150 |
| 5 | 9PC x MG | 2016 | 0,772 | 42,66 | 48,50 | 3257 | 833 | 1150 |
| | | 2017 | 0,708 | 41,12 | 47,50 | 3344 | 717 | 1150 |
| | | 2015 | 0,700 | 42,48 | 46,62 | 3650 | 1108 | 1183 |
| 6 | 9PKxYa-120 | 2016 | 0,835 | 44,56 | 49,31 | 2958 | 1083 | 1108 |
| | | 2017 | 0,708 | 45,56 | 50,36 | 3704 | 1008 | 1175 |

Os dados do quadro 3.6.4 indicam que os híbridos de seleção clonal se caracterizam por boas propriedades tecnológicas. Chama-se a atenção para o elevado número métrico do híbrido AIC x MG - 3333-4065 unidades, um longo comprimento de fio do híbrido AIC x MG - 1108-1300 m. Estes indicadores tecnológicos elevados atestam mais uma vez as vantagens da introdução de híbridos de reprodução clonal na criação industrial de seda no Uzbequistão.

Os híbridos de reprodução clonal foram submetidos a ensaios de produção em pequena escala durante dois anos em Samarkand, na empresa de criação de seda LLC "Mastura-Nur". De acordo com as reacções dos produtores de seda, os híbridos testados caracterizavam-se por uma boa viabilidade e um desenvolvimento amigável das lagartas, com casulos de calibre aproximadamente igual.

Assim, pela primeira vez na história da criação do bicho-da-seda, os híbridos clonais do bicho-da-seda da amoreira podem ser introduzidos na produção industrial. Há alguns anos, foram efectuados na Ucrânia estudos separados sobre a utilização de partenoclones do bicho-da-seda da amoreira, mas não foram implementados.

Antes de serem transferidos para a produção, os animais de raça pura foram previamente alimentados em ensaios em pequenas estações. As raças puras seleccionadas foram depois cruzadas para serem testadas em ensaios em pequenas estações.

**Quadro 3.6.5.**

**Parâmetros biológicos das raças utilizadas na hibridação (2015)**

| N.º N.º de artigos | Nome da raça | Vida da Caterpillar, % | Peso bruto | | % sedas, bainhas |
|---|---|---|---|---|---|
| | | | casulo,g | casca, mg | |
| 1 | AGU-112 | 90,3±0,91 | 1,66±0,02 | 392±8,43 | 23,6±0,32 |
| 2 | UzNIIISH-9 | 92,0± 1,23 | 1,75±0,03 | 41H9,20 | 23,5±0,23 |
| 3 | Juramentado 1 | 92,4±1,38 | 1,75±0,02 | 40HZ,54 | 23,3±0,15 |
| 4 | Juramento 2 | 90,2± 1,64 | 1,680,04 | 383±8,17 | 23,0±0,24 |
| 5 | SANIISH-30 | 89,9±1,82 | 1,72±0,01 | 387±12,53 | 20,7±0,71 |
| 6 | C-5 | 91,3±2,62 | 1,73±0,09 | 392±6,49 | 22,9±1,05 |
| 7 | C-5 ganso transparente. | 88, B.O.B., | 1,54±0,06 | 32,3±7,46 | 21,1±0,54 |

| | | 87. | | | |
|---|---|---|---|---|---|
| 8 | C-10 | 88,9±1,65 | 1,56±0,05 | 362±7,69 | 23,5±1,24 |
| 9 | C-12 | 88,4±1,49 | 1,7 MAS,08 | 408±8,25 | 24,2±1,46 |
| 10 | C-13 | 91,2±1,72 | 1,57±0,02 | 398±20,16 | 25,4±1,23 |
| 11 | C-14 | 87,2±1,45 | 670±0,06 | 394±7,08 | 23,6± 1,04 |

Todas as raças têm uma boa viabilidade das lagartas, como se pode ver no quadro 3.6.5. As raças identificadas por sexo na fase de lagarta são de pele média, mas muito sedosas: C-13 - 25,4%, C-12 - 24,2%, C-10 - 23,5%. As raças designadas por sexo na fase de lagarta Mechennaya 1, Mechennaya 2 apresentam igualmente uma boa sedosidade 23,3%, 23,0%.

Os parâmetros biológicos dos híbridos alimentados em condições laboratoriais são apresentados no quadro 3.6.6. Como componentes dos híbridos, são utilizadas, entre outras, as raças Ipakchi 1 x Ipakchi 2, AGU-112 x UzNIISH 9, amplamente racionadas.

**Quadro 3.6.6 Indicadores biológicos dos híbridos (2013-2015)**

| N.º de artigos | Nome dos híbridos | Vida da Caterpillar, % | Peso médio | | % de concha de seda |
|---|---|---|---|---|---|
| | | | casulo,g | casca, mg | |
| 1 | Ipacci 1 x Ipacci 2 | 95,3 | 1,85 | 453 | 24,5 |
| 2 | Ipacci 2 x Ipacci 1. | 93,1 | 1,86 | 461 | 24,8 |
| 3 | Espada.1 x Espada.2 | 97,1 | 1,78 | 429 | 24,1 |
| 4 | Espada.2 x Espada.1 | 95,6 | 1,95 | 438 | 23,7 |
| 5 | SANIIISH 30 x C-5 | 96,9 | 1,98 | 451 | 22,8 |
| 6 | C-5 x SANIISH 30 | 94,0 | 1,96 | 449 | 22,9 |
| 7 | AGU-112 x UzNIISH 9 | 93,1 | 1,78 | 416 | 23,4 |
| 8 | UzNIIISH 9 x AGU-112 | 98,0 | 18,6 | 430 | 23,1 |
| 9 | C-13 x C-14 | 93,1 | 1,73 | 438 | 25,3 |
| 10 | C-14 x C-13 | 72,7 | <u>1,76</u> | 434 | 24,7 |
| 11 | Ipakci 2 x C-5 | 94,2 | 1,92 | 457 | 23,8 |
| 12 | C-5 x Ipakci 2 | 95,5 | 1,97 | 464 | 23,6 |
| 13 | Ipakci 1 x Atlas | 95,6 | 1,76 | 425 | 24,1 |
| 14 | Ipakci 2 x Atlas | 96,2 | 1,88 | 46,8 | 24,9 |
| 15 | Atlas x SUNYISH 30 | 97,3 | 1,94 | 465 | 24,0 |
| 16 | C-12 x C-10 | 96,7 | 1,86 | 471 | 25,3 |
| 17 | 7 pk x C-10 | 95,3 | 1,92 | 443 | 24,0 |
| 18 | 9 pk x C-14 | 95,8 | 1,90 | 449 | 23,9 |
| 19 | 51.40 pk x C-5 | 96,4 | 1,84 | 437 | 23,8 |
| 20 | AIC x C-12 | 96,0 | 1,69 | 396 | 23,5 |
| 21 | 22 pk x C-5 | 95,7 | 1,80 | 423 | 23,5 |
| 22 | 23 pk x C-10 | 94,5 | 1,86 | 439 | 23,8 |
| 23 | PC x L-48 | 97,7 | 2,01 | 477 | 23,7 |
| 24 | PC x L-51 | 95,8 | 2,03 | 478 | 23,5 |
| 25 | Atlas x Asaka (k) | 95,3 | 2,04 | 485 | 23,8 |

| 26 | Margilan x Atlas (k) | 96,7 | 1,97 | 462 | 23,5 |
| 27 | Asaka x Marhamat (k) | 93,6 | 1,94 | 466 | 24,0 |
| 28 | Marhamat x Asaka (k) | 93.8 | 2,01 | 463 | 23,0 |

Foram criados vinte e oito híbridos a partir de diferentes raças genotipadas. Foram alimentados em condições laboratoriais, com a mesma ração, em regime hidrotérmico normal. Foram obtidos bons resultados. Viabilidade da lagarta 93,1-98,0%, peso do casulo 1,73-2,04 g, sedosidade 22,8-25,3%. De 4 híbridos clonais, dois híbridos foram zonados na região de Tashkent. Estes híbridos, considerados prometedores, foram testados na GSA.

Os híbridos Ipakchi 1 x Ipakchi 2 foram lançados no Uzbequistão há mais de 20 anos. Os componentes dos híbridos são as raças Ipakchi 1 e Ipakchi 2.

A raça Ipakchi 1 é criada por seleção sintética. Apresenta os seguintes índices: 98,6 por cento de sobrevivência da grena, 89,9 por cento de viabilidade da lagarta, 24-25 por cento de sedosidade, forma oval-redonda do casulo. As lagartas começam a enrolar-se de forma amigável. O rendimento médio em condições laboratoriais é de 70-75 kg (Figura 3.6.3).

**Fig. 3.6.3 Casulos da raça Ipakchi 1**

A raça Ipakchi 2 é criada pelo método de seleção sintética, tem os seguintes indicadores: sobrevivência da lagarta 97,6%, viabilidade da lagarta 89,9%, sedosidade 24-25,5%. As lagartas enrolam-se de forma amigável. A forma do casulo é ligeiramente interceptada. O rendimento médio em condições de produção quando alimentado com folha varietal é de 7075 kg por uma caixa de lagartas (Figura 3.6.4).

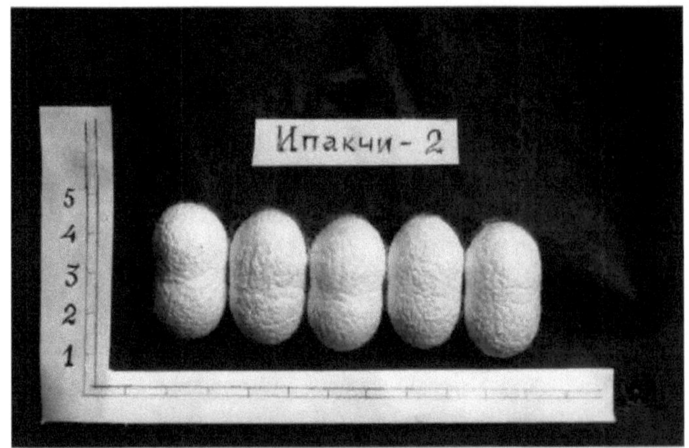


**Fig. 3.6.4 Casulos da raça Ipakchi 2**

**Fig. 3.6.5 Casulos do híbrido Ipakci 1 x Ipakci 2**

Os grãos dos híbridos Ipakci 1 x Ipakci 2 e Ipakci 2 x Ipakci 1 são de cor escura, homogéneos e contêm mais de 600-700 pedaços de grãos por ninhada.

Lagartas de híbridos Ipakci 1 x Ipakci 2, Ipakci 2 x Ipakci 1

simultaneamente, passam a enrolar, enrolando casulos homogéneos para o exterior.

Casulos de Ipakci 1 x Ipakci 2 de forma ligeiramente oval, híbrido Ipakci 2 x Ipakci 1 - com uma ligeira interceção, taxa de desenrolamento de 89-90%, número de fios métricos superior a 3100-3150 unidades. Comprimento do casulo em desenrolamento contínuo de 950-1100 metros. Em condições de produção, o rendimento é de 60-65 kg, mas, quando se alimentam bichos-da-seda de boas variedades, o rendimento atinge uma média de 70-75 kg numa caixa de grena (Fig.3.6.5).

## § 3.7 Testes de estação de híbridos nas condições da República do Karakalpakistan

A fim de avaliar corretamente a qualidade dos híbridos propostos para introdução, é necessário familiarizarmo-nos com os resultados da colheita de coco na República do Caracalpaquistão. O quadro 3.7.1 fornece informações sobre rendimentos dos híbridos do bicho-da-seda da amoreira atualmente criados em Karakalpakstan.

**Quadro 3.7.1.**

**Informações sobre a colheita de casulos de bicho-da-seda de amoreira em 2015, 2016, 2017 por distritos da república**

**Karakalpaquistão**

| Bairros | Distribuição de Grena, caixas | | | Plano de colheita de casulos, toneladas | | | Casulos colhidos, toneladas | | | Cumprimento do plano, % | | | Rendimento de casulos 1 cor.gr, kg | | |
|---|---|---|---|---|---|---|---|---|---|---|---|---|---|---|---|
| | 2015 | 2016 | 2017 | 2015 | 2016 | 2017 | 2015 | 2016 | 2017 | 2015 | 2016 | 2017 | 2015 | 2016 | 2017 |
| Turtkul | 3273 | 3273 | 3273 | 186,8 | 186,8 | 186,8 | 187,3 | 187,0 | 187,0 | 100,3 | 100,1 | 100,1 | 57,2 | 57,1 | 57,1 |
| Berunium | 2866 | 2866 | 2866 | 164,8 | 164,8 | 164,8 | 165,3 | 165,5 | 165,4 | 100,3 | 100,4 | 100,3 | 57,7 | 57,7 | 58,0 |
| Ellikal'a | 3013 | 3013 | 3013 | 172,8 | 172,8 | 172,8 | 173,5 | 173,5 | 173,5 | 100,4 | 100,4 | 100,4 | 57,6 | 57,6 | 57,6 |
| Amu Darya | 4462 | 4462 | 4462 | 253,3 | 253,3 | 253,3 | 253,9 | 253,9 | 253,9 | 100,2 | 100,2 | 100,2 | 56,9 | 56,9 | 57,0 |
| Huzhaili | 753 | 753 | 753 | 42 | 42 | 42 | 42,2 | 42,2 | 42,2 | 100,0 | 100,0 | 100,0 | 56,0 | 56,0 | 56,1 |
| Shumanium | 44 | 44 | 44 | 2,6 | 2,6 | 2,6 | 2,6 | 2,6 | 2,6 | 100,0 | 100,0 | 100,0 | 59,1 | 59,1 | 60,7 |
| Cântico | 27 | 27 | 27 | 1,6 | 1,6 | 1,6 | 1,6 | 1,6 | 1,6 | 100,0 | 100,0 | 100,0 | 59,3 | 59,3 | 59,3 |
| Nukus | 27 | 27 | 27 | 1,6 | 1,6 | 1,6 | 1,6 | 1,6 | 1,6 | 100,0 | 100,0 | 100,0 | 59,3 | 59,3 | 59,3 |
| Kegaili | 329 | 329 | 329 | 15,8 | 15,8 | 15,8 | 15,9 | 15,9 | 15,9 | 100,6 | 100,6 | 100,6 | 48,3 | 48,3 | 48,6 |
| Chimbay | 206 | 206 | 206 | 8,5 | 8,5 | 8,5 | 8,6 | 8,6 | 8,6 | 101,2 | 101,2 | 101,2 | 41,7 | 41,7 | 41,7 |
| Total | 15000 | 15000 | 15000 | 850,0 | 850,0 | 850,0 | 852,6 | 852,6 | 852,6 | 100,3 | 100,3 | 100,3 | 56,8 | 56,8 | 56,7 |

Como mostra a Tabela 3.7.1, o rendimento dos híbridos do bicho-da-seda da amoreira não foi alto e foi de 56,8 kg em 2015, 56,8 kg em 2016 e 56,7 kg por 1 caixa de grena em 2017. Em alguns distritos, como Kegaili, foi de 48,3-48,6 kg e em Chimbai foi de 41,7-4,2 kg. Como se sabe, o rendimento médio do casulo no Uzbequistão em 2017 foi de 57,8 kg, o maior rendimento foi observado na região de Surkhandarya 58,1 kg. Para aumentar o rendimento do casulo em Karakalpakstan, é necessário introduzir novos híbridos de bicho-da-seda da amoreira adaptados a condições económicas extremas. Os híbridos são testados em ensaios de produção em pequena escala antes de serem passados à produção.

**Fig.3.7.1 Alimentação de lagartas de híbridos de reprodução clonal com folhas de bichos-da-seda varietais**

**Fig. 3.7.2 Produção de casulos de híbridos clonais em condições de exploração**

O quadro 3.7.2 resume os resultados dos ensaios de seleção de todos os híbridos testados em condições de produção. Só nos interessam os híbridos objeto do nosso estudo. Trata-se de híbridos com componentes: 51,40pc. C-5, A-153PC, C-5ngl, Linha 22.

Os resultados dos testes de estação (Quadro 3.7.2) mostram que a percentagem de viabilidade de 15 híbridos é de 82,7-95,7. Entre os híbridos com indicadores elevados, há um híbrido com partenoclon 51,40, cuja viabilidade está ao nível do híbrido de controlo Tetra-3, silkiness 27,3%, no controlo 21,9%. Para esta caraterística, todos os híbridos apresentam indicadores superiores aos do controlo. Os materiais obtidos são matematicamente processados e fiáveis (Quadro 3.7.2).

Se os híbridos apresentarem uma boa reanimação da grena, viabilidade da lagarta e desempenho tecnológico, são submetidos a ensaios estatais.

Todos os híbridos com partenoclonianos são caracterizados por uma boa viabilidade - 90,5-95,7% (95,7% no controlo) e um elevado grau de sedosidade - 23,3-27,8%. Os baixos coeficientes de variação dos híbridos de raças clonais no que respeita à viabilidade das lagartas (2,29-2,68) e à sedosidade (1,29-3,35) chamam a atenção. Este facto sublinha mais uma vez o papel estabilizador dos partenoclones na hibridação.

Os elevados indicadores das principais características produtivas dos híbridos de raças clonais - viabilidade e sedosidade, com baixos coeficientes de variação, permitem recomendar estes híbridos para a engorda industrial em condições ecologicamente difíceis.

**Quadro 3.7.2.**

**Testes de estação de híbridos nas condições da República de Karakalpakstan e sua avaliação (2015-2017)**

| N.º N.º de artigos | Nome dos híbridos | Viabilidade da Caterpillar, % | | | | Peso médio do casulo | | | | Média % bainha de seda | | | |
|---|---|---|---|---|---|---|---|---|---|---|---|---|---|
| | | M±t | A | $c_v$ | Pd | M±t | 5 | $c_v$ | Pd | M±t | 5 | $c_v$ | Pd |
| 1 | 5140pk x C-5 | 95,7±1,14 | 2,19 | 2,29 | 0 | 2,20±0,034 | 0,068 | 31,09 | 0,746 | 23,3±0,39 | 0,78 | 3,35 | 0,921 |
| 2 | 153 pk x C-5 | 90,5±1,21 | 2,43 | 2,68 | 0,98 | 2,06±0,031 | 0,003 | 3,06 | 0,999 | 24,5±0,158 | 0,316 | 1,29 | 0,992 |
| 3 | AIC x C-14 | 96,2±1,21 | 2,43 | 2,52 | 0,649 | 2,34±0,08 | 0,16 | 6,84 | 0,881 | 23,4±0,34 | 0,68 | 2,90 | 0,932 |
| 4 | AIC x Mechennaya | 95,7±1,09 | 2,19 | 2,29 | 0 | 2,06±0,051 | 0,051 | 0,942 | 0,997 | 27,8±0,221 | 0,44 | 1,59 | 0,999 |
| 5 | C-13 x C-14 | 83,5±2,55 | 5,10 | 6,11 | 0,999 | 2,18±0,034 | 0,068 | 3,12 | 0,881 | 23,3±0,075 | 0,151 | 0,648 | 0,932 |
| 6 | C-14 x C-13 | 94,3±1,94 | 3,89 | 4,12 | 0,746 | 2,23±0,391 | 0,078 | 3,50 | - | 23,3±0,473 | 0,946 | 4,05 | 0,909 |
| 7 | Espada x Juramento 2 | 92,2±1,70 | 3,40 | 3,68 | 0,975 | 2,81±0,075 | 0,141 | 5,01 | 0,999 | 22,8±0,568 | 1,137 | 4,97 | 0,823 |
| 8 | Juramento 2 x Juramentado 1 | 94,2±2,06 | 4,13 | 4,38 | 0,746 | 2,71±0,053 | 0,107 | 3,94 | 0,999 | 22,99±0,345 | 0,69 | 3,00 | 0,864 |
| 9 | Nowruz 1 | 86,7±1,58 | 3,16 | 3,64 | 0,999 | 24,5±0,073 | 0,146 | 6,05 | 0,971 | 24,4±0,029 | 0,058 | 0,239 | 0,999 |
| 10 | Nowruz 2 | 84,8±2,43 | 4,86 | 5,73 | 0,999 | 2,38±0,474 | 0,095 | 3,98 | 0,989 | 23,8±0,486 | 0,972 | 4,08 | 0,955 |
| 11 | Ipacci 1 x Ipacci 2 | 82,7±3,28 | 6,56 | 7,93 | 0,999 | 2,46±0,099 | 0,199 | 8,10 | 0,993 | 23,3±0,078 | 0,156 | 0,667 | 0,947 |
| 12 | Ipacci 2 x Ipacci 1. | 83,0±0,97 | 1,94 | 2,34 | 0,999 | 2,57±0,036 | 0,073 | 2,84 | 0,999 | 23,9±0,099 | 0,199 | 0,83 | 0,981 |
| 13 | Tash. 6 x Osh 2 | 86,7±1,21 | 2,43 | 2,80 | 0,999 | 2,45±0,056 | 0,112 | 4,56 | 0,995 | 24,5±0,131 | 0,262 | 1,06 | 0,992 |
| 14 | Osh 2 x Tash. 6 | 88,5±0,97 | 1,94 | 2,19 | 0,999 | 2,40±0,073 | 0,146 | 6,07 | 0,971 | 24,6±0,104 | 0,209 | 0,85 | 0,993 |
| 15 | Tetrahíbrido3 (controlo) | 95,7±0,121 | 0,243 | 0,25 | | 2,23±0,017 | 0,034 | 1,52 | | 21,9±0,758 | 1,52 | 6,90 | |

Os dados apresentados no Quadro 3.7.2 mostram que os híbridos clonais tiveram um bom desempenho, superando mesmo ligeiramente o controlo e os outros híbridos. Os criadores de clones estão confiantes na criação de novos híbridos interessantes e produtivos.

Como já foi referido, o híbrido C-13 x C-14 e a sua combinação inversa foram zonados desde 1993 nas regiões de Bukhara e Andijan, o híbrido Mezhenna 1 x Mezhenna 2 e a sua combinação inversa foram zonados desde 1994 nas regiões de Andijan e Bukhara, o híbrido Ipakchi 1 x Ipakchi 2 e a sua combinação inversa foram zonados desde 1995 na região de Andijan. Apresenta-se em seguida um quadro com os ensaios de produção dos híbridos.

**Quadro 3.7.3.**

**Resultados dos ensaios de produção de híbridos durante três anos**

| N.º de artigos | Nome das zonas | Nome dos híbridos | Fábrica de granadas | Número de caixas vendidas | Lição média, kg |
|---|---|---|---|---|---|
| 1 | 2 | 3 | 4 | 5 | 6 |
| 1 | República da Karakalpakstan | T-3 (con) | K.Kurgan | 1786 | 45,1 |
| | | Espada 1 x Espada 2 | Urgench | 500 | 46,4 |
| | | Espada 2 x Espada 1 | Urgench | 500 | 52,8 |
| | | Nowruz-1 | Amu Darya vizinhança | | |
| | | Nowruz-2 | | 4 | 58,0 |
| | | Ipakci 1 x Ipakci 2 | | 4 | 62,0 |
| | | | | 4 | 62,0 |
| | | Ipakci 2 x Ipakci 1 | | 4 | 61,0 |
| 2 | Região de Navoi. | T-3 (con) | Navoi | 3745 | 44,7 |
| | | C-3 x C-14 | Navoi | 215 | 50,7 |
| | | C-14 x C-13 | Navoi | 930 | 50,2 |
| 3 | Samarcanda obl. | T-3 (con) | Tashkent | 5250 | |
| | | Espada 1 x Espada 2 | K.Kurgan | 1600 | |
| | | Espada 2 x Espada 1 | K.Kurgan | 1465 | |
| | | Ipakci 1 x | Samarcanda | 205 | |
| | | Ipakci2 | Samarcanda | 163 | |
| 4 | Região de Tashkent. | T-3 (con) | Shahrisabz | 2000 | 40,0 |
| | | C-13 x C-14 | Navoi | 715 | 50,5 |
| | | C-14 x C-13 | Navoi | 76 | 50,0 |
| 1 | 2 | 3 | 4 | 5 | 6 |
| 5 | Região de Khorezm. | T-3 (con) | Urgench | 17047 | 51,6 |

|   |   | Espada 1 x | Urgench | 1315 | 51,1 |
|---|---|---|---|---|---|
|   |   | Espada 2 | Urgench | 1299 | 51,3 |
|   |   | Espada 2 x |   |   |   |
|   |   | Espada 1 |   |   |   |
| 6 | Através do vale de Fergana | T-3 (con) |   |   |   |
|   |   | Espada 1 x |   |   |   |
|   |   | Espada 2 |   | 71792 | 53,7 |
|   |   | Espada 2 x |   | 250 | 68,0 |
|   |   | Espada 1 |   | 250 | 63,2 |
|   |   |   |   |   |   |
|   |   |   |   |   |   |
|   |   |   |   |   |   |

O quadro 3.7.3 resume os resultados dos ensaios dos híbridos em estudo em diferentes regiões do Usbequistão com diferentes condições ecológicas. É ainda mais interessante notar que o rendimento médio de casulos de uma caixa de erva em Karakalpakistan, uma região com condições climáticas difíceis, não foi pior do que em regiões como Fergana ou Tashkent. Por exemplo, o rendimento de casulos de híbridos Mech.1 x Mech.2, Mech.2 x Mech.1 em Karakalpakstan foi de 46,4%, 52,8%, e na região de Samarkand - 54,2%, 52,6%. O rendimento dos híbridos Ipakchi 1 x Ipakchi 2, Ipakchi 2 x Ipakchi 1 em Karakalpakstan foi de 62,0% e 61,0%. E na região de Samarkand 61,9% e 62,0%.

Assim, o rendimento dos híbridos estudados em condições ambientais extremas estava ao nível do rendimento dos mesmos híbridos noutras regiões do Uzbequistão. Este facto permite recomendar para forragem industrial os híbridos de Karakalpakstan: Mechenna 1 x Mechenna 2, Mechenna 2 x Mechenna 1, Ipakchi 1 x Ipakchi 2, Ipakchi 2 x Ipakchi 1.

Nas condições de produção de Karakalpakistan, os híbridos Ipakchi 1 x Ipakchi 2, Ipakchi 2 x Ipakchi 1, Navruz 1, Navruz 2 deram bons resultados - 61,0 e 62,0 kg de casulos foram obtidos de 1 caixa (no controlo Tetra-3 50,9kg). É necessário melhorar a ração de forragem com amoreiras varietais. Atualmente, as árvores varietais representam apenas 5-6% do país. As principais forragens são o Hasak local e o híbrido de polinização livre.

## § 3.8 Raças e híbridos promissores de bichos-da-seda da amoreira prometendo a introdução da produção de seda em Karakalpakstan

Nos últimos anos, tem sido dada especial atenção à qualidade da seda crua. O método mais realista para melhorar as propriedades tecnológicas dos casulos produzidos é a criação e introdução de híbridos de bichos-da-seda da amoreira que satisfaçam os requisitos da indústria transformadora.

Em estranhas criações de seda desenvolvidas, o conhecimento primário para a criação e multiplicação de raças com melhores propriedades tecnológicas.

Vários cientistas [124,c 31],[125,c 16-30],[92,c 24-45 ],[95,c 18],[14,c 25] do Uzbequistão estudaram as propriedades têxteis dos casulos e propuseram a introdução de vários híbridos com bons parâmetros tecnológicos.

A produção de seda no Karakalpakistan também necessita de híbridos de bicho-da-seda de amoreira com elevados parâmetros tecnológicos de fio de casulo. Por conseguinte, considerámos possível considerar outros híbridos com propriedades interessantes.

Tendo em conta os pedidos da indústria para o fornecimento de raças e híbridos com elevado rendimento de produtos de seda e maior desenrolamento do casulo, os cientistas da seda criaram uma série de raças e híbridos promissores do bicho-da-seda da amoreira com elevadas propriedades têxteis. Estas raças são Ipakchi 3 e Line 22.

Casulos de Ipakci 3-brancos, alongados com uma ligeira interceção, de grão fino (Fig. 3.8.1), reavivabilidade da grena - 96,98%, viabilidade da lagarta - 88,91%.

A raça foi desenvolvida por seleção sintética, através da hibridação de raças estrangeiras com raças locais, e distingue-se pelo desenvolvimento homogéneo das lagartas e pela ondulação amigável dos casulos.

**Fig. 3.8.1 Casulos da raça Ipakchi 3**

Os casulos da linha 22 são brancos, ovalados, redondos, de grão fino (figura 3.8.2), a taxa de revivescência da grena é de 96%, a viabilidade das lagartas é de 89%. A raça, criada por seleção sintética, caracteriza-se por uma ondulação amigável dos casulos.

**Fig. 3.8.2 Casulos da raça da Linha 22**

Os híbridos entre as raças L-22 e Ipakchi 3 foram designados Navruz-1 e a combinação inversa, Navruz-2.

O híbrido Navruz-1 foi criado no NIISH, no laboratório de genética e melhoramento do bicho-da-seda da amoreira. Trata-se de um híbrido simples obtido do cruzamento da linha 22 x Ipakchi 3. A grena tem pétalas cinzentas e o número de ovos por grama é de 1723 ovos. Percentagem de revivalismo da grena-98%, número de lagartas em 1 grama 2420 peças. As lagartas desenvolvem-se uniformemente, germinam nos casulos de forma amigável. Os casulos são ovais, a viabilidade das lagartas é de 90,1%, o rendimento dos casulos de 1 grama de lagartas varia de 4,0 a 4,3 kg, a sedosidade dos casulos secos é de 56,8%, o desenrolamento da casca é de 88%.

Rendimento da seda crua - 45,7%. Comprimento médio do fio do casulo - 1008 m, comprimento de

fio de desenrolamento contínuo - 957 metros. Número métrico do fio - 3500

unidade (Figura 3.8.3).

**Fig. 3.8.3 Casulos do híbrido Navruz-1, zonados para produção**

O híbrido Navruz-2 foi criado no NIISH, no laboratório de genética e melhoramento do bicho-da-seda da amoreira. O híbrido simples é obtido a partir do cruzamento das raças Ipakchi 3 e Line-22. A grena é de cor acinzentada, o número de ovos por grama é de 1708 unidades, no primeiro dia de renascimento 97,5% dos ovos ganham vida, o número de lagartas por grama é de 2391 unidades, as lagartas desenvolvem-se suavemente, brotam nos casulos de forma amigável, a viabilidade das lagartas é de 89,9%. Os casulos são ovais, com interceção fraca, de grão fino, cor branca sem sombras (Figura 3.8.4), rendimento de casulos de 1 grama de lagartas - 4,73 kg, de 1 caixa de galinhas - 70-75 kg. Sedosidade dos casulos secos - 55,7%, capacidade de desenrolamento da casca do casulo - 88,4%, rendimento em seda crua - 45,0 comprimento médio do fio do casulo - 1058 metros, comprimento do fio em desenrolamento contínuo - 948 metros.

Os híbridos Navruz-1 e Navruz-2 não requerem quaisquer medidas zootécnicas especiais aquando da alimentação. Os híbridos caracterizam-se por uma elevada finura do fio do casulo - número métrico Navruz-1 -3400 unidades, Navruz-2 -3300 unidades.

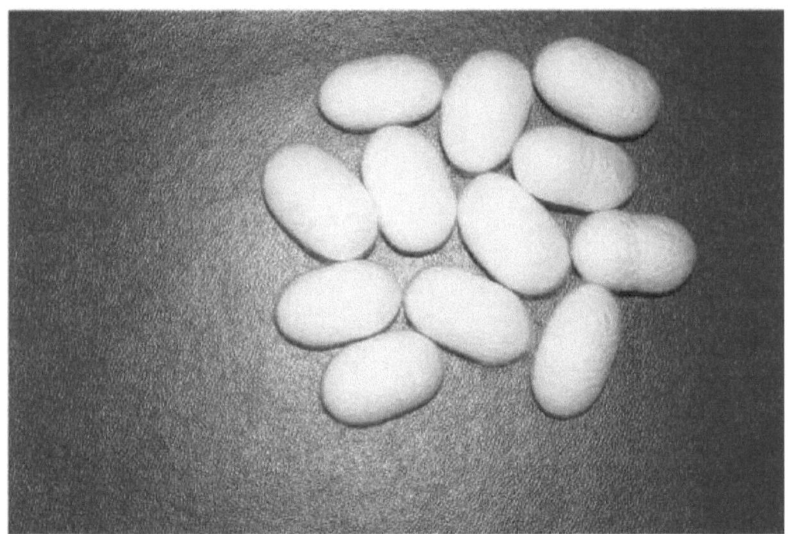

**Fig. 3.8.4 Casulos do híbrido Navruz-2, zoneados para produção**

Por decisão do Comité Estatístico Estatal do Usbequistão em 2013, os híbridos Navruz-1 e Navruz-2 foram reconhecidos como promissores, incluídos no Registo Estatal do Usbequistão e recomendados para introdução nas regiões de Samarkand, Surkhandarya e Kashkadarya e outras.

Em pequenos volumes, os híbridos Navruz 1 e Navruz 2 foram cultivados em Karakalpakistan. Os resultados foram encorajadores (quadro 3.7.2). Os elevados rendimentos dos híbridos Navruz 1 e Navruz 2 - 58,0 e 62,0 kg em comparação com a testemunha - 45,1 kg - justificam a sua recomendação para forragem nas condições industriais do Caracalpaquistão.

Em 2012, alguns híbridos foram cultivados em diferentes regiões do Uzbequistão. Os resultados estão resumidos no quadro 3.8.3.

**Quadro 3.8.3.**

**Informações sobre o desempenho dos novos híbridos de bicho-da-seda em condições de produção em 2012**

| Nome dos híbridos | Fed tu s.,cor. | Total de casulos recolhidos, g | Rendimento médio de casulos,% | Variedade de casulos, % | Rendimento da seda crua, em % | Comprimento da rosca coc.m | | Número métrico da rosca |
|---|---|---|---|---|---|---|---|---|
| | | | | | | geral | NSD | |
| Região de Andijan | | | | | | | | |
| Espada.1 x Espada.2 | 100 | 6,5 | 65,0 | 94,6 | 44,4 | 1203 | 416 | 3090 |
| Espada.2 x Espada.1 | 100 | 5,6 | 56,0 | 93,4 | 43,9 | 1186 | 574 | 3072 |
| Tetra-híbrido 3 | 4-63 | <u>232,2</u> | <u>57,3</u> | <u>89,1</u> | 39,7 | 914 | 331 | 2810 |
| Região de Tashkent | | | | | | | | |
| 51,40 PC x C-5 | 97 | 5,1 | 52,0 | 82,2 | 37,41 | 962 | 534 | 2990 |
| Espada.1 x Espada.2 | 75 | 3,8 | 50,3 | 84,1 | 39,73 | POZ | 641 | 3058 |
| Espada.2 x Espada.1 | 70 | 3,5 | 50,6 | 84,1 | 38,78 | 1092 | 633 | 3001 |
| Tetra-híbrido 3 | 21567 | 1069,1 | 49,6 | 79,5 | 33,17 | 812 | 316 | 2782 |
| Região de Bukhara | | | | | | | | |
| Espada.1 x Espada.2 | <u>54,1</u> | <u>33,3</u> | 61,6 | <u>93,8</u> | 40,2 | 986 | 491 | - |
| Espada.2 x Espada.1 | 330 | 20,6 | 58,9 | 94,5 | 41,0 | 1010 | 534 | - |
| Tetra-híbrido 3 | 45928 | 2096,4 | 46,3 | 87,9 | 36,3 | 715 | 302 | - |
| Oblast de Jizzak | | | | | | | | |
| Espada.1 x Espada.2 | 316 | <u>15,4</u> | <u>48,6</u> | <u>94,9</u> | 43,41 | 1180 | 1054 | 2896 |
| Espada.2 x Espada.1 | 249 | 13,9 | 55,7 | 95,5 | 41,85 | 1100 | 942 | 2819 |
| C-13 x C-14 | 60 | 3,3 | 52,2 | 90,7 | 42,07 | 1250 | 1061 | 2851 |
| C-14 x C-13 | 80 | 3,1 | <u>51,4</u> | <u>89,2</u> | 42,63 | 1226 | 1007 | 2885 |
| Tetra-híbrido 3 | 6985 | 352,1 | 50,4 | 81,1 | 32,43 | 734 | 371 | 2450 |

| Região de Fergana | | | | | | | | |
|---|---|---|---|---|---|---|---|---|
| 51,40 PC x C-5 | 100 | 5,9 | <u>58,8</u> | <u>90,1</u> | 39,3 | 1041 | 723 | 2832 |
| Espada.1 x Espada.2 | 560 | 38,3 | 68,4 | 92,2 | 42,3 | 1215 | 953 | 2962 |
| Espada.2 x Espada.1 | 340 | 22,8 | 67,1 | 91,3 | 42,9 | 1268 | 1013 | 2976 |
| C-13 x C-14 | 120 | 8,4 | <u>70,1</u> | <u>89,6</u> | 43,2 | 1193 | 834 | 2912 |
| C-14 x C-13 | 120 | <u>8,5</u> | <u>69,6</u> | <u>91,4</u> | 42,2 | 1210 | 996 | 2983 |
| Tetra-híbrido 3 | 37959 | 2148,8 | 56,6 | 87,1 | 32,1 | 844 | 396 | 2843 |

O quadro 3.8.3 mostra que os híbridos criados com raças marcadas pelo sexo e clones partenogenéticos apresentaram rendimentos superiores aos do controlo (de 48,6 kg em Mechenna 1 x Mechenna 2 no oblast de Jizzak a 70,1 kg em C-13 x C-14 no oblast de Fergana, com rendimentos no controlo de 46,3 no oblast de Bukhara a 57,3 kg no oblast de Andijan). Isto indica uma elevada viabilidade de híbridos com rearranjos genéticos nos genomas em condições de produção. Assim, a utilização de raças geneticamente modificadas de bicho-da-seda da amoreira, altamente produtivas e viáveis, na engorda industrial pode trazer benefícios económicos e reduzir significativamente as operações de separação do material por sexo. Os híbridos Mezhdenaya 1 x Mezhdenaya 2, Mezhdenaya 2 x Mezhdenaya 1, 51.40pk x C-5, C-13 x C-14, C-14 x C-13 também podem ser recomendados para a criação do bicho-da-seda no Caracalpaquistão.

## § 3.9 Discussão dos resultados obtidos

Um dos ramos prioritários da agricultura no Usbequistão - a criação de animais para produção de seda - está a ser gradualmente reativado. A diversidade das zonas naturais e ecológicas do Usbequistão impõe a necessidade urgente de desenvolver intensivamente novos métodos de seleção e reprodução de muitas espécies de plantas e animais adaptados a diferentes condições ambientais. A criação de raças e híbridos do bicho-da-seda da amoreira em condições climatéricas e forrageiras menos favoráveis durante o período de engorda reveste-se de uma importância decisiva nesta matéria. No decreto histórico do Presidente da República do Usbequistão PP-512 "Sobre as medidas de reforma da indústria da seda da República" e nos documentos de orientação do Gabinete de Ministros da República do Usbequistão, são definidas as tarefas de transição para a produção industrial de híbridos de grena de raças nacionais e o pleno atendimento das necessidades da indústria em grena de alta qualidade, adaptada ao clima quente específico da nossa região. É indubitável que a República do Caracalpaquistão, o oblast de Khorezm, os distritos do norte do oblast de Bukhara, o vale de Fergana, Tashkent, Syrdarya, Jizzak, Samarkand, Bukhara, Navoi,

Surkhandarya, os oblasts de Kashkadarya diferem significativamente não só no tempo e no clima, mas também nas características do solo, na disponibilidade de água e noutras condições. Neste aspeto, é relevante o trabalho de criação e introdução de híbridos de bicho-da-seda de amoreira para condições ambientais extremas.

Mais de 50 novas raças, linhas e respectivos híbridos foram criados no Instituto de Investigação de Criação de Seda pelos cientistas-criadores V.A.Strunnikov, L.M.Gulamova, N.V.Shurshikova, R.K.Kurbanov, N.T.Chernetsova, H.Zakirova, A.I.Islamov e outros. Foram criadas mais de 25 novas variedades produtivas de amoreiras, que se encontram zonadas na República. Os seus autores são A.F.Didichenko, S.S.Zinkina, M.I.Grebinskaya, O.Pulatov, Y.Miralimov, K.Shkalikova, U.K.Kuchkarov. Com a ajuda de mutações induzidas, obtiveram-se raças altamente produtivas: C-5, C-5proz, C-10, C-12, C-13, C-14, SANIISH-30, AG, MG, C-5ngl, C-9ngl. Com base nestas raças, foram criados muitos híbridos industriais, que foram zonados em diferentes anos de produção. Estes híbridos são:

1.  Meechenaya-1 x Meechenaya-2 - zonado
2.  Meechenaya-2 x Meechenaya-1 - zonado
3.  C-13 x C-14 - zoneado
4.  C-14 x C-13      - zoneada
5.  SANIISH-30 x C-5 - zoneado
6.  C-5 x SANIIISH-30 - zonado
7.  C-12 x C-10 - perspetiva
8.  C-10 x C-12 - perspetiva
9.  UzNIIISH-9 x AGU-112 - zonado
10. AGU-112 x UzNIIISH-9 - zonado
11. Navruz 1 - zoneada
12. Nowruz 2 - zoneado
13. Nowruz 3 é prometedor
14. Nowruz 4 é prometedor

Estes híbridos são altamente silk-bearing, com boas propriedades tecnológicas, dão um bom rendimento e fio de seda de qualidade. Os cientistas do NIISH também desenvolveram métodos para a obtenção de partenoclones meióticos e ameioticos. Um destes clones, 51.40pc, em combinação com a raça C-5, com marcação de sexo, foi zonado para produção. Híbridos como SANIISH-30 x Sov-5, Sov-5 x SANIISH-30, Asaka x Markhamat, Markhamat x Asaka, Tetrahybrid 3, Tetrahybrid 4 foram zonados no Uzbequistão desde os anos sessenta. Desde 1990, todos estes híbridos foram gradualmente substituídos por novos híbridos: Ipakchi-1 x Ipakchi-2, Ipakchi-2 x Ipakchi-1, Uzbequistão 5, Uzbequistão 6. Recentemente, o arsenal de híbridos foi reabastecido com novos híbridos Navruz-1, Navruz-2. SANIISH-9 x TashSHII-112 e a sua combinação inversa foram recomendados para a alimentação no verão. As raças e híbridos criados são alimentados principalmente nas zonas temperadas da República. Não existe um híbrido específico de bicho-da-seda da amoreira, nem variedades de bicho-da-seda para zonas ecologicamente desfavorecidas, como o Karakalpakistan,

Surkhandarya oblast.

O principal objetivo do trabalho de investigação é selecionar os híbridos mais adaptados a Karakalpakstan entre os híbridos criados anteriormente. Todos os anos, vários híbridos são testados em explorações agrícolas de Karakalpakstan para este efeito.

Foi analisado um total de 36 combinações híbridas de diferentes raças e linhas do bicho-da-seda da amoreira. Entre elas: Ipakchi 1 x Ipakchi 2, Ipakchi 2 x Ipakchi 1, Navruz-1, Navruz-2 e muitas outras.

Foram efectuados trabalhos de reprodução e de pedigree com os componentes dos híbridos acima referidos, a fim de melhorar os seus principais indicadores produtivos. Os trabalhos de seleção e de pedigree com as raças C-5, C-10 e C-12 foram efectuados a nível familiar. As raças C-5, 7, 9, 10, 12, SANIIISH 30, Ipakchi 1, Ipakchi 2, Asaka, Markhamat, Atlas, Margilan Mechnaya 1, Mechnaya 2 foram criadas em 2 a 10 repetições. O principal objetivo do trabalho era melhorar as características economicamente úteis das raças e preservar as suas características genéticas.

Raças marcadas: C-5, C-7, C-9, C-10, C-12, C-13, C-14, SANIIISH-30M e SANIIISH-30 não marcado, Asaka, Markhamat, Atlas, Markhamat, Ipakchi 1, Ipakchi 2, bem como fêmeas partenoclonais promissoras: A-153 pk, A-238 pk, APK, 9pk e 9pk foram mantidas e multiplicadas.

A raça C-13 caracteriza-se por uma animação da grena de 95,4%. Foram seleccionadas para engorda as famílias com 96,8% de avivamento da grena, as famílias com 97,8% de avivamento da grena a S=1,20, viabilidade da lagarta de 81,6% a S=6,50, peso do casulo de 1,28 g a S=0,01, peso da casca de 352 mg a S=6,0, teor de seda de 27,6% a S=0,1% foram deixadas para reprodução. A massa dos casulos reprodutores foi de 1,40 g, a massa da bainha foi de 400 mg, o teor de seda foi de 28,5% em S=0,42.

A raça C-14 é caracterizada por 87,1% de revivescência da grena, foram seleccionadas para engorda famílias com 95,7% de revivescência da grena, famílias com 97,0% de revivescência da grena em S=1,30, com 94,2% de viabilidade da lagarta em S=23,10, massa do casulo de 1,24 g em S=0,02, massa da casca de 372 mg em S=2,0; sedosidade de 30,0% em S=0,3 foram deixadas da criação. A massa dos casulos reprodutores era de 1,42 g em S=0,05, a massa da bainha era de 415 mg em S=30,0, a sedosidade era de 29,22% em S=1,12.

Raça Mechnaya-1. Caracteriza-se por uma renovação da grena de 97,4%, tendo sido seleccionadas para engorda famílias com uma renovação da grena de 98,0%. As famílias com reavivamento da grena de 98,2% a S=0,20, viabilidade da lagarta de 89,2% a S=1,28, peso do casulo de 1,28 g a S=0,1 g, peso da casca de 297 mg a S=2,0, sedosidade de 23,2% a S=0,2 foram deixadas para reprodução. Os casulos reprodutores pesam 1,47 g a S=0,07, peso da bainha 370 mg, a S=45,0, teor de seda 25,17% a S=1,97.

Raça Mechnaya-2. Caracteriza-se por um renascimento da grena de 98,4%, famílias com renascimento da grena de 98,5% foram seleccionadas para engorda, famílias com renascimento da grena de 98,8% em S=0,4, viabilidade da lagarta de 87,8% em

S=4,70, peso do casulo de 1,33 g em S=0,02, peso da casca de 304 mg em S=5,0, teor de seda de 22,9% em S=0,1. Peso dos casulos de reprodução 1,50 g a S=0,05, peso da bainha de seda 375 mg, a S=15,0, teor de seda 25,0% a S=0,18.

A raça C-5 foi criada em famílias fragmentadas, formadas a partir de ninhadas com 95,7% de sobrevivência da ninhada, 72,6% de viabilidade da lagarta, peso do casulo de 1,43 g, peso da casca de 366 mg e 25,8% de sedosidade.

A raça C-10 foi criada individualmente, as famílias foram formadas a partir de ninhadas com 96,4% de reanimação da ninhada, viabilidade da lagarta 86,7% peso do casulo 1,35 g, peso da casca 343 mg, sedosidade 25,6%.

A raça C-12 foi criada em famílias fragmentadas, formadas a partir de ninhadas de galinhas, cujo renascimento foi de 916%, a viabilidade das lagartas de 80,4%, o peso do casulo de 1,36 g, o peso da casca de 381 mg e a sedosidade de 29,9%.

A raça SANIISH 30 foi criada em 7-10 réplicas, as réplicas foram formadas a partir de ninhadas de galinhas com 97,8% de sobrevivência, 88,3% de viabilidade, peso do casulo -1,35 g, peso da casca - 298 mg, sedosidade-22,4%.

A raça SANIISH 30 rotulada na fase de lagarta foi criada em 3-6 réplicas, as réplicas foram formadas a partir de uma mistura de ninhadas com viabilidade de ninhada 96,8%, viabilidade de lagarta 80,5%, peso de casulo 1,30 g. peso de casca 277 mg, silkiness 21,3%.

A raça Asaka foi criada em 6-8 réplicas, as réplicas foram formadas a partir de uma mistura de ninhadas de galinhas, com 97,3% de sobrevivência, 92,1% de viabilidade, 1,38 g de peso de casulo, 289 mg de peso de casca e 21,1% de sedosidade.

A raça Marhamat foi criada em 6-8 repetições. As repetições foram formadas a partir de ninhadas de galinhas com 97,0% de sobrevivência, viabilidade da lagarta 83,4%, peso do casulo 1,25 g, peso da casca 249 mg, sedosidade 20,3%.

A raça Margilan foi criada em 4 réplicas, as réplicas foram formadas a partir de ninhadas de galinhas com 97,5% de viviparidade, 88,7% de viabilidade da lagarta, peso do casulo 1,51 g, peso da casca 345 mg, silkiness 23,0%.

A raça Atlas foi criada em 2-4 réplicas, as réplicas foram formadas a partir de uma mistura de ninhadas de galinhas com 96,5% de sobrevivência, viabilidade da lagarta 71,0%, peso do casulo 1,42 g, peso da casca 333 mg e sedosidade 23,3%.

A raça Ipakchi 1 foi criada em 4 réplicas, as réplicas foram formadas a partir de uma mistura de ninhada grena com revival 93,0%, viabilidade da lagarta 72,3%, peso do casulo 0,990 mg, peso da casca 235 mg, e silkiness 23,7%.

A raça Ipakchi 2 foi criada em 4 réplicas, as réplicas foram formadas a partir de uma mistura de ninhadas com sobrevivência 95,2%, viabilidade da lagarta 85,2%, peso do casulo 1,19 g, peso da casca 346 mg, sedosidade 21,4%.

A raça UzNIISH-9 foi criada a partir da raça bivoltina SANIISH-9 e cultivada em 4-6 repetições. Durante os anos de criação, a viabilidade das lagartas melhorou de 86,3% para 91,4%, o peso médio dos casulos de 1,52g para 1,91g, a sedosidade dos casulos de 21,0% para 24,6%.

A raça AGU-112 foi criada a partir da raça bivoltina TashSKHI-112 e cultivada em 4-

6 repetições. A criação selectiva resultou no melhoramento de: viabilidade da lagarta - de 89,4% para 91,8%, peso do casulo - de 1,52g para 1,88g, sedosidade dos casulos - de 20,4% para 24,4%.

Todas as raças acima mencionadas, após a realização de seleção e seleção de pedigree com elas em todas as fases de desenvolvimento, serviram como componentes de híbridos de diferentes tipos de bicho-da-seda da amoreira, passaram em testes de laboratório e de produção em pequena escala. Com base na análise das suas características produtivas, os híbridos simples podem ser recomendados para reprodução nas condições de Karakalpakistan: UzNIISH 9 pk x AGU-112, Navruz 1, Navruz 2, Ipakchi 1 x Ipakchi 2, Ipakchi 2 x Ipakchi 1, híbridos com participação de raças geneticamente modificadas: C-13 x C-14, C-14 x C-13, Sworded 1 x Sworded 2, Sworded 2 x Sworded 1, híbridos de raças clonais: APK x C-14, APK x MG, 9PK x Ya-120.

Os híbridos UzNIISH-9 x AGU-112, AGU-112 x UzNIISH-9 foram criados especificamente para o cultivo em condições extremas de forragem no final da primavera, verão, verão-outono [52;p.3-19]. O rendimento destes híbridos na época de verão de 2015 foi de 46 kg por 1 caixa de lagartas, contra 44 kg no controlo. As raças componentes UzNIIISH-9 e AGU-112 destes híbridos são raças bivoltinas, ou seja, têm maior resistência a efeitos ambientais desfavoráveis. Por conseguinte, os híbridos entre elas produzem rendimentos elevados e podem ser utilizados para forragem em zonas ecologicamente difíceis do Usbequistão, incluindo o Karakalpakistan.

Os híbridos Ipakchi 1 x Ipakchi 2, Ipakchi 2 x Ipakchi 1 são amplamente cultivados em todo o Uzbequistão. Durante mais de 20 anos, estes híbridos apresentam rendimentos consistentemente elevados - 65-70 kg por 1 korghrena, contra 56,9 kg no controlo. As raças componentes Ipakchi 1 e Ipakchi 2 destes híbridos, sendo produtos de reprodução sintética, transportam genes partenoclon nos seus genótipos, ou seja, têm uma elevada viabilidade. Por conseguinte, os híbridos entre elas são capazes de resistir a condições climatéricas desfavoráveis e podem ser utilizados para forragear em zonas ecologicamente difíceis do Uzbequistão, incluindo o Karakalpaquistão.

Os híbridos Navruz 1 e Navruz 2 foram criados como híbridos com características tecnológicas elevadas de fio de casulo. Número métrico de fios de Navruz 1-3584 unidades, Navruz 2-3717 unidades. As raças componentes Ipakchi 3, Linha 22 destes híbridos apresentam boas qualidades tecnológicas do bicho-da-seda e uma elevada viabilidade das lagartas. Por conseguinte, a fim de melhorar a qualidade da seda produzida em Karakalpakistan, podem ser utilizadas para forragem nas regiões setentrionais do Uzbequistão.

Os híbridos C-13 x C-14 e C-14 x C-13 apresentam uma pureza de 100% na preparação da grena híbrida e uma elevada viabilidade da raça componente C-13. Os C-14 destes híbridos têm o sexo determinado pela cor da grena, pelo que podem ser divididos em fêmeas e machos na fase de ovo. O rendimento dos híbridos - 65-70 kg de 1 caixa de grena, contra 56,9 kg no controlo, é alcançado devido à manifestação de uma elevada heterose. A eficiência económica da utilização dos híbridos C-13 x C-14,

C-14 x C-13 pode ser muito elevada, porque no processo de preparação da grena híbrida se reduz a operação de separação dos casulos por sexo e a grena é preparada com 100% de pureza. Além disso, estes híbridos têm uma elevada viabilidade das lagartas, pelo que podem ser utilizados para forragear em zonas ecologicamente difíceis do Uzbequistão, incluindo o Karakalpakistan.

Os híbridos Meechenaya 1 x Meechenaya 2, Meechenaya 2 x Meechenaya 1 são híbridos altamente produtivos [114;p.3-20]. As raças componentes Meechenaya 1 e Meechenaya 2 têm o sexo determinado pela cor das lagartas, pelo que podem ser visualmente divididas em fêmeas e machos na fase de lagarta. A elevada produtividade dos híbridos - 60-65 kg de casulos por 1 caixa de lagartas - é conseguida devido à pureza a 100% da preparação da grena híbrida e à manifestação de uma poderosa heterose. A combinação da alta produtividade dos híbridos com a alta viabilidade das suas lagartas torna possível a utilização destes híbridos em muitas regiões do Uzbequistão, incluindo o Karakalpakistan.

Os híbridos de raças clonais AIC x C-14, AIC x MG, 9pc x Ya-120 distinguem-se pela pureza da preparação da grena, forte heterose, alta viabilidade e desenvolvimento amigável das lagartas, uniformidade do calibre dos casulos, bom rendimento - 60-65 kg de casulos a partir de 1 caixa de lagartas, contra 56,9 kg no controlo. As raças componentes C-14 e MG são marcadas por sexo nas fases de ovo (C-14) e de lagarta (MG), o que significa que podem ser divididas em fêmeas e machos nas fases iniciais do desenvolvimento do bicho-da-seda da amoreira e ser entregues às plantas de amoreira, evitando a operação complicada e imprecisa de separação dos casulos por sexo. A raça Ya-120 possui um fio de casulo muito fino - 4506 unidades e, em híbridos com clones, apresenta elevadas qualidades tecnológicas do fio de casulo. Os clones partenogenéticos AIC, 9pk caracterizam-se por uma elevada capacidade de combinação e boa viabilidade, são representados por um sexo - fêmea, pelo que não necessitam de ser separados por sexo. As vantagens dos híbridos de reprodução clonal tornam-nos muito atractivos para a reprodução em todas as regiões do Uzbequistão, incluindo Karakalpakstan.

Os híbridos acima enumerados nunca foram criados no Caracalpaquistão. Os híbridos do bicho-da-seda da amoreira atualmente produzidos no território da república autónoma perderam a sua relevância e precisam de ser substituídos. Neste sentido, propomos a realização de uma mudança de raça do bicho-da-seda da amoreira no Caracalpaquistão, substituindo os híbridos atualmente utilizados pelos propostos no presente estudo.

Para aumentar o rendimento dos casulos do bicho-da-seda da amoreira na República de Karakalpak, é necessário melhorar os cuidados agrotécnicos do bicho-da-seda com a introdução de novas variedades zonadas: Tajik seedless, Mankent, Zimostoyky, Surkh-tut, Jar-Aryk 4, Jar-Aryk 6, Jar-Aryk 7, Jar-Aryk 8.

Nas amoreiras, especialmente em regiões ecologicamente desfavoráveis, existem mutações que asseguram a adaptação das plantas a condições de crescimento alteradas. No Karakalpakistan, há 65-70 anos, o Mar de Aral estava perto de Nukus, e agora o mar afastou-se de Nukus cerca de 150-160 quilómetros. Durante este período, sob a influência do ambiente externo, registaram-se alterações (mutações) na população de amoreiras. É necessário procurar essas "mutações naturais", que permitem que as plantas se adaptem às condições alteradas, se reproduzam e as utilizem para criar novas variedades de amoreira de elevado rendimento.

## CONCLUSÃO

1.  Com base no estudo de fontes literárias, de relatórios científicos e da experiência dos produtores, foi estabelecido que os principais factores de sucesso da engorda em condições ecológicas extremas são as raças e os híbridos do bicho-da-seda da amoreira adaptados a condições de criação menos favoráveis.

2.  Foram seleccionadas raças para utilização como material de origem na seleção de raças e híbridos destinados à criação em condições extremas: C-5, C-5ngl, C-10, C-12, C-13, C-14, Asaka, Markhamat, Ipakchi 1, Ipakchi 2, Mechnaya 1, Mechnaya 2, partenoclones, através da análise das principais propriedades produtivas de raças rotuladas e não rotuladas mantidas na coleção viva do bicho-da-seda da amoreira.

3.  Melhoradas em termos de viabilidade das lagartas, peso do casulo e sedosidade, resistentes a condições ambientais desfavoráveis, foram criadas linhas do bicho-da-seda da amoreira utilizando como material de origem as raças C-5, C-10, C-12, C-13 e C-14. Sword 1, Sword 2, SANIISH 30, SANIISH 30mech, Asaka Markhamat, Margilan, Atlas, Ipakchi 1, Ipakchi 2, pelos métodos de seleção tradicional e seleção por atividade motora.

4.  36 híbridos de tipos diferentes do bicho-da-seda da amoreira foram testados quanto aos principais indicadores de valor económico em condições laboratoriais na filial de Nukus da TashGAU, a fim de determinar os mais produtivos e resistentes a condições de manutenção desfavoráveis do ponto de vista ambiental. Os híbridos estudados apresentam os seguintes indicadores: 96-98% de sobrevivência da grena, viabilidade da lagarta 89,90%, peso do casulo 1,60-2,0 g, peso da casca 400-430 mg, sedosidade 21,0-26,0%, peso de um casulo seco 0,75-0,96 g, rendimento de seda crua 47,20%-48,0%, rendimento da seda 49,18-50,20%, capacidade de desenrolamento da bainha 89-91,8%, número de fios métricos 2710-3134 kg, comprimento de desenrolamento contínuo 754-1022 m, comprimento de produção 1200-1435 m.

5.  Foram determinados híbridos para uma utilização bem sucedida na forragem em condições extremas de Karakalpakstan: Ipakchi 1 x Ipakchi 2, Ipakchi 2 x Ipakchi 1, Navruz 1, Navruz 2. Estes híbridos produzem o maior rendimento a partir de uma caixa de lagartas: Ipakchi 1 x Ipakchi 2 - 61 kg, Ipakchi 2 x Ipakchi 1 - 62 kg, Navruz 1 - 62 kg, Navruz 2 - 63 kg no controlo 55 kg.

6.  Verificou-se que os híbridos C-13 x C-14, C-14 x C-13, Sworded 1 x Sworded 2, Sworded 2 x Sworded 1, AIC x C-14, AIC x Sworded 1, criados com a participação de partenoclones e de raças sexuadas, eram suficientemente resistentes a condições meteorológicas e climáticas extremas, devido ao facto de serem constituídos por lagartas altamente heteroseadas de origem 100% híbrida.

7.  Verificou-se que os híbridos do bicho-da-seda da amoreira, recomendados para criação em Karakalpakistan, apresentaram a maior resistência a condições extremas em termos de viabilidade das lagartas: AIC x C 14 - 96,2 %, AIC x Mechnaya 1-95,74 %, C-14 x C-13-94,3 % contra 93,7 no controlo.

**Recomendações práticas**

1.  Recomenda-se a utilização dos seguintes híbridos para forragem industrial em

condições ecológicas extremas: Ipakchi 1 x Ipakchi 2, Ipakchi 2 x Ipakchi 1, Navruz 1, Navruz 2, que se caracterizam por uma elevada viabilidade e rendimento.

2. Recomenda-se igualmente, sob reserva do respeito estrito do regime de manutenção ótimo, a criação em produção, em regiões climáticas desfavorecidas, dos híbridos C-13 x C-14, C-14 x C-13, Mechenna 1 x Mechenna 2, Mechenna 2 x Mechenna 1, AK x C-14, APK x Mechenna 1, que se caracterizam por uma pureza de preparação de 100% e apresentam um poder de hetcrose em termos de viabilidade.

3. Recomenda-se que, a fim de manter o número total de lagartas no viveiro e aumentar a produtividade da seda, os bichos-da-seda varietais sejam utilizados como forragem.

LISTA DE REFERÊNCIAS

1. Decreto do Presidente da República do Uzbequistão PP-2856 "Sobre medidas para organizar as atividades da Associação Uzbekipaksanoat" de 29.03.2017. - C.1-15.

2. Presidente do Uzbequistão 2015 e 29 de dezembro de 2015 "2016-2010 Kishlok Khuzhaligini kishloq Khujaligini yanada isloh kilish va rivozhlantirish yaora-tadbirlari tuFrisida" gi PK-2460-sonli karori, 5-7-6.

3. Uzbekiston Respubliki Vazirlar Mahkamasining "2017-2010 yillarda pillachilik tarmoFini complex rivozhlantirish chora-tadbirlari dasturi touFrisida" gi 2017 yil 11 Augustdagi No. 616-sonli karori, 5-6-6.

4. Nasirillaev U.N., Lezhenko S.S. Disposições metodológicas básicas do trabalho de criação com o bicho-da-seda da amoreira (Documento orientador). //Tashkent 2002.-C.3-16.

5. Abbasov B.G. Parâmetros genéticos de seleção de características economicamente úteis de raças zonadas do bicho-da-seda da amoreira Azad e Ganja 1. //Diss.kand.biol.nauk - Kirovobod, 1975. - C.81-91.

6. Azimov S.G. Herdabilidade de características produtivas de galinhas cruzadas 288. //Leningrado-Pushchino - 1973.-S.23.

7. Azimov S.G. Herdabilidade da produção de ovos e do peso dos ovos em galinhas cruzadas 288. /Teses dos relatórios da conferência científica e de produção da X-república de cientistas e produtores sobre criação de animais. - Tashkent, 1975. -C.18.

8. Azimov S.G. Trabalho de criação em avicultura. //Casa Publicadora "Uzbequistão". - Tashkent, 1980.-S.9-61.

9. Azimov S.G. Criação de galinhas de alto rendimento no Uzbequistão. // Publicação da UzNIINTI. - Tashkent. 1973. -C-1-3.

10. Azimov S.G. Resultados do cruzamento de linhas de formas parentais de cruzamentos de ovos "Zarya-17". // Teses de relatórios no VI Congresso
Sociedade Uzbeque de Geneticistas e Criadores. - Tashkent, 1992. - C.17.

11. Azimov S.G. Seleção de galinhas de linhas de ovos para aumentar a produção de ovos em condições de clima quente. // Conferência da União Europeia sobre reprodução animal. - Izd-vo TSKhA. - Moscovo, 1979.- P.32.

12. Azimov S.G.. Rizaev A.A. Aumento do peso das galinhas da seleção de UzNIIZh no cruzamento com galos do cruzamento de ovos grandes "Zarya 17". //Proceedings of the Uzbek Research Institute of Animal Husbandry "Ways to increase the productivity of livestock and poultry farming". - Tashkent, 1993 - P.125-131.

13. Azimov S.G. Bases científicas e métodos para aumentar a produtividade das galinhas de linhas de ovos em condições de clima quente. //Abstractos de autor de disc.dok.s/khnauk.-Tashkent, 1994.-C.13-21.

14. Azimov S.G., Rizaev A.A., Azimov D.S., Nasibullina F.Sh., Arindilanov T.R. UzCHITI selection tovuklari tukhumlarining aegiluvchan deformation. //Uzbeki ston iktisodiy islohotlar davrida chorvachilikni rivozhlantirish ilmiy va amaliy asoslari. - Tashkent, 1996. - 102-105-6.

15. Azizov B.S. Tut ipak kurtining yirik pillali zotlari ishtirokidagi sanoatbop

duragailari. Uzbekiston ipakchiligi rivozhlantirishining ilmiy asoslari "Fan" nashriyoti, 2001. -34-б.

16. Akizhikov Ya.S. Efeito da seleção de lotes de casulos na sedosidade na receção nas empresas de drenagem. //Silk. 1994.-№1-2.-С.18- 19.

17. Akizhikov Ya.S. Novos métodos para aumentar os lotes de casulos de criação do bicho-da-seda em grenzavods. //Métodos intensivos de cultivo do bicho-da-seda e do bicho-da-amora. Coleção de trabalhos científicos do Instituto Agrícola de Tashkent - Tashkent, 1990. - C.66-68.

18 Alexandrov M.V. Significância do teor de calor do ar na ecologia do bicho-da-seda. //Silk.-Tashkent. 1964.-№3.-С.32.

19 Alexandrov M.V. Sobre o fator calor na ecologia dos bichos-da-seda e outros organismos poiquilotérmicos. //Silk.- Tashkent, 1965.- №3.-S.13-17.

20 Aliev A.G. Significado da seleção provocativa no aumento da resistência do bicho-da-seda da amoreira à iterícia. //Шелк.-Ташкент.- 1971.-№1.-С.26-28.

21 . 14) Alimova H.A., Burnashev I.Z., Gulamov A.E., Saidova R.A. Análise das alterações da densidade linear ao longo do comprimento dos fios de casulos de híbridos modernos. //J.Technology of textile industry. - Tashkent. №6, 2000. -С.25.

22 . 15. Alimova H.A. Estado e desenvolvimento da nanotecnologia na indústria têxtil. /A importância da integração da ciência e da solução de problemas actuais na organização da produção nas empresas da indústria têxtil. -Margilan. 2017. -С.176.

23 Astaurov B.L. Partenogénese artificial no bicho-da-seda da amoreira: estudos experimentais. //Moscovo-Leningrado. Izd. da Academia de Ciências da URSS - Moscovo, 1940.-С.136-140.

24 Astaurov B.L. Teste de raças e híbridos da primeira geração no bicho-da-seda da amoreira. //Москва-Ташкент, 1933.-С.3-21.

25 Astaurov B.L. Hereditariedade e desenvolvimento. Obras seleccionadas. //Moscovo. Izdvo "Nauka". 1974.-С.122.

26 Astaurov B.L. Experiências sobre androgénese e ginogénese experimentais no bicho-da-seda da amoreira. //Biological Journal. Moscovo. 1937.-T.6.-№1.-С.77-81.

27 Astaurov B.L. O problema da regulação do sexo. //Editores de "Ciência e Homem".-Moscovo, 1965.-#2.-P.344-367.

28 Astaurov B.L. Partenogénese artificial, poliploidia experimental e sexo em animais bissexuais VKN: questões actuais da genética moderna: // Izd. of MSU. 1996.-С.130-141.

29 Astaurov B.L. Seleção para a capacidade de partenogénese térmica e obtenção de partenoclones melhorados por esta caraterística do bicho-da-seda. //Genética 1973, No.9. -С.9.

30 Astaurov B.L. Cytogenetics of mulberry silkworm development and its experimental control. -Nauka, 1968. -С.3-21.

31 Astaurov B.L. Novos dados sobre a partenogénese artificial no bicho-da-seda da amoreira da URSS. //1936. №7. -С.277-280.

32 Afanasyev B.A., Pereldin N.S. Criação de peles em gaiolas. //M. "Kolos". 1966.-

C.35-42.

33 Akhmedov N.A. Ipak kurti kharorat va khavo ekologik khabarnoma - boletim ecológico 1999. -C.42.

34 Akhmedov N.A. Ipak kurti uruFini bahorgi zhonlantirish davrida embryo rivozhlanishini vaktincha tukhtatish muddatini kurning zhonlanishiga tasiri. //Ipak, 1998. №2. -C.11-12.

35 Ashirov M.I. Bases científicas e métodos práticos de melhoramento do pedigree e das qualidades produtivas do gado ovino preto em condições de clima quente. //Autoref.dis.dokt.s/kh.nauk. Tashkent, 1994. - C.10-15.

36 Braslavsky M.E., Golovko V.O., Yu ta in C.D. Viso-koproduktivsh shovkovychnogo shovkovypryad. // Agrarnaya nauka - virob-novitsvu. -Kshv, 2001. - C.19.

37 Braslavsky M.E., Stotsky M.I., Zhuravl V.B. Novi pbridi shovkovychnogo shovkopryad. // Agrarnaya nauka - virobnovitsvu. -Kshv, 2002. 22 -C.24.

38 Belov P.F. Sobre as perspectivas de seleção do bicho-da-seda da amoreira para resistência à poliedrose nuclear. //Proceedings of the Georgian Agricultural Institute. Tbilisi. 1972. Vyp.84.-S.223-228.

39 Belyaev D.K. Aspectos biológicos da domesticação animal. / / Materiais da reunião da All-Union sobre genética e seleção de novas raças de animais de fazenda.- Almaata. 1970.-C.30-44.

40 Berg R.L. Padronização da seleção na evolução da flor "Botanical" journal, 1956. vol.41, no.3. -C.124.

41 Berg R.L. Further studies on stabilising selection in the evolution of the flower. Revista "Biology", 1958. vol.43, no.1. -C.-63.

42 Valiullina M.H. Algumas questões sobre a metodologia de criação do bicho-da-seda da amoreira. //Proceedings of SANIISH, "Measures to increase the productivity of mulberry silkworm". Tashkent, 1970. Editora "Fan", vol. VI. - C. 102-111.

43 Verbitskaya G.A. Criação de linhas resistentes à iterícia do bicho-da-seda da amoreira por tratamento térmico. // Silk. Tashkent, 1971. - №1-3. - C. 9.

44 Verbitskaya G.A. Alguns factores de aumento da resistência do bicho-da-seda da amoreira à iterícia. //Dissertação autoref. do candidato de s.h. ciências. Tashkent, 1972. - C.22.

45 Terskaya V.N. Cytology of mulberry silkworm (BOMBYX MORI) matings during artificial parthenogenesis, Ontogenesis, 1979, Vol.10, No.3.

46 Voskonyan V.B., Galstyan G.A. Hereditariedade e repetibilidade dos principais traços seleccionáveis do gado castanho caucasiano. //Materiais da conferência sobre genética e seleção de plantas e animais agrícolas das repúblicas da Transcaucásia. - Editora "Elm". Baku. 1975. - C.184-185.

47 Gatin F.G., Ogurtsov K.S., Asamova N.N. Nova variedade de reprodução do bicho-da-seda SANIISh "Mehnat" Tashkent, 1986. -C.27-29.

48 Golovko V.A., Krichenko I.A. Doenças infecciosas do bicho-da-seda da amoreira nas regiões produtoras de seda do mundo. Materiais da conferência científico-prática

"Questões problemáticas do desenvolvimento da criação de seda", Kharkov, 1993. - C.121-125.

49 Grebinskaya M.I., Gulamova L.M., Yakubov A.B. Sobre a possibilidade de forrageamento experimental no outono-inverno. //Ref.sb. "Seda" №1, 1972. - C-5.

50 Gulamova L.M. Criação de formas heteróticas do bicho-da-seda da amoreira por partenogénese. Materiais do II Seminário da União Europeia - consulta sobre genética e seleção do bicho-da-seda e da amoreira. Tashkent, 1981.-C.22-24.

51 Gumbatov I.M. Multiplicidade efectiva de alimentação das lagartas do bicho-da-seda da amoreira. //Silk - Tashkent, 1983. №6.-C.12-14.

52 Gurova R        .A. Possibilidade de manter um certo número de gerações de clones androgenéticos do bicho-da-seda da amoreira. Jornal "Seda", 1969. №2. -C.26-28.

53 Gurova R        .A. Oportunidades de reutilização
Machos andrógenos do bicho-da-seda da amoreira. // "Seda", 1969. №3.-C.25-27.

54 Gurova R.A. Obtenção de clones androgenéticos do bicho-da-seda da amoreira - Resumo da tese do candidato - 1969.-C.3-27

55 Gurova R.A. Influência da composição racial das fêmeas no sucesso da androgénese no bicho-da-seda da amoreira. //"Seda", Tashkent, 1969. №4. - C.23-24.

56 Daniyarov U.T. Seleção e melhoramento de raças e híbridos do bicho-da-seda da amoreira para engorda repetida. Resumo da dissertação do candidato. 2010.- C.3-19.

57 Danshina E.V. Desenvolvimento da previsão de priiohpv I onmuMi3a^i expetativa de vida de comas produtivos de cebola-crylich na aplicação de shovkovichnogo I shovkopryadiv não pareado: Tese do autor ...kand.s- x.nauk.-Kharkiv, 2002.- C-9-13.

58 Dzhuraev D. Desenvolvimento de formas de aumentar a produtividade da engorda e a qualidade dos casulos com aplicação de diferentes ingredientes. Автореферат-Ташкент, 1994.-C.3-30.

59 Ezhkov B.A., Ezhkova L.V. Alimentação intermédia do bicho-da-seda da amoreira. // Seda. Tashkent, 1961. №1. - C.11.

60 Zworykina V.V. Sensibilidade da fase do bicho-da-seda da amoreira ao fator temperatura. - Actas do SANISH, vol.1. - Tashkent. 1956. - C. 23-28.

61 Ilyina E.D., Kuznetsov G.A. Fundamentals of genetics and selection of fur-bearing animals. M. "Kolos", 1969.-C.43-50.

62 Kashkarova L.F., Yakubov A.B., Larkina E.A. Raças do bicho-da-seda da amoreira. //Tashkent, 2008.-C.3-100.

63 Kashkarova L.F., Umarov Sh.R. Diseases of mulberry silkworm diagnosis and prevention (Doenças do bicho-da-seda da amoreira: diagnóstico e prevenção). //Tashkent, 2008.

64 Kenjaev B., Nasirillaev U.N. Interação do genótipo com o ambiente no bicho-da-seda da amoreira. - Relatório. 1 Herdabilidade dos traços de produtividade do bicho-da-seda da amoreira em diferentes zonas naturais e climáticas //Proceedings of SANIISH. Tashkent, 1976. edição 10. - C. 83-89.

65 Kerimova I.O. Eficiência de mutagénicos químicos no bicho-da-seda da amoreira.

Avtoref. dissertação do candidato de ciências biológicas. Tashkent, 1972.-C.1-25.

66 Kichinov T.J., Ashirov M.I. Crescimento e desenvolvimento de novilhas de diferentes genótipos. // Agricultura do Uzbequistão. Tashkent, 1998. №2. - C. 10.

67 Kovalev P.A., Shevelova A.A. O aparecimento de borboletas e as suas causas. No livro "Grainage and selection of mulberry silkworm". Izdvo "Uchitel" 1966. -C.-59.

68 Klimenko V.V., Lysenko N.G., Haoyuan Liang. Clonagem partenogenética em genética e reprodução do bicho-da-seda da amoreira. //Ж. Rozvedennya I genetika tvaryn. Kharkov 2013. №47. -C.40-55.

69 Klimenko V.V., Zabelina V.B., Lysenko N.G. Intraclonal variability of mulberry silkworm / / / / Materiais da conferência internacional dedicada ao 75º aniversário do nascimento do Académico Y.P.Altukhov. - Moscovo 2011. - C.161-162.

70 Kuchkarov U.K., Asamova M. Nova variedade altamente produtiva do bicho-da-seda SANIISH-36. // Seda. Tashkent, 1984. №5. - C. 33-35.

71 Kuchkarov U.K., Gatin F.G., Khalmatov D.I., Akhmedova M. Nova variedade altamente produtiva do bicho-da-seda Jar-Aryk 2 // Silk. Tashkent, 1994. №3-4. - C.18.

72 Kuchkorov U., Yakubov A.B., Kholmatov D Tutsorlarni yoshartirish. //Izhtimoiy iktisodiy farmer journal.2012.1-2 sleep, 26-b.

73 Kuch "orov U., Kholmatov D., Akhmedova M. Ishlab chikarishga zhoriy etilgan yangi duragay tutlar va istikbolli tut navlari. //Uzbekiston ipakchiligi rivozhlantirishning ilmiy asoslari. Fan, 2011, 5-b.

74 Kuchkorov U., Ogurtsov K. "Sho-tut va Balkhi-tut". // "Mehnat" nashriyoti. Toshkent, 1989. 10-11-б.

75 Landau S.M., Dobrovolskaya G.N., Kireeva V.I. Estudo da possibilidade de obter linhas do bicho-da-seda da amoreira resistentes à ativação do vírus da poliedrose nuclear latente // Molecular Biology. Moscovo, 1979. №22. - C. 86-99.

76 Larkina E.A., Yakubov A.B., Daniyarov U.T. Resultados do estudo da natureza genética da atividade motora do bicho-da-seda da amoreira    //    "Uzbek    Biological    Journal" 2012.
№6. -C.45.

77 Larkina E.A., Yakubov A.B. Valor combinatório de linhas consanguíneas do bicho-da-seda da amoreira. // Jornal Biológico Uzbeque №1. Fan 2011. - C.50.

78 Larkina E.A., Yakubov A.B. Estabilidade dos indicadores de raças da coleção mundial do bicho-da-seda da amoreira UzNIISh como resultado de uma criação estreitamente relacionada. //Ж. "Agroilm", №1, 2012. -C.45.

79 Larkina E.A., Yakubov A.B., Nodiralieva N., Daniyarov U. Manutenção de raças marcadas pelo sexo nas fases de grena e lagarta.
//J.Realizações da ciência e tecnologia APK. Moscovo "Kolos" №2. 2002. - C-35.

80 Larkina E.A., Yakubov A.B., Daniyarov U.T. Catálogo do fundo genético da coleção mundial do bicho-da-seda da amoreira do Uzbequistão. Tashkent, 2012.-C.4-66.

81 Larkina E.A., Nodiralieva N. Características do trabalho com raças de bichos-da-

seda de amoreira rotuladas por sexo. //Herald of Agrarian Science of Uzbekistan, No.2 (16), 2004 -C.66-68

82 Larkina E.A., Yakubov A.B. Vantagens da utilização de partenoclones do bicho-da-seda da amoreira na hibridação. //Ipakchilik sohdsining dolzarb muammolari va ularni yangi tekhnologilarga asoslangan ilmiy echimlari. Materiais da conferência científica republicana. -Tashkent 2012. -C.30.

83 M.E. Lobashov. O que é a genética - Leningrado. Izdvo "Znanie" 1969. -C.28.

84 Madaminov K.M. Peso médio dos ovos do bicho-da-seda da amoreira e suas variações consoante a zona de preparação da grena. // Seda. Tashkent, 1978. №6.-C. 9.

85 Madrakhimov F. Desenvolvimento de métodos de seleção para resistência ao vírus da iterícia do bicho-da-seda da amoreira. //Autoreferat Dis.kand.s/kh.nauk, 1968. -C.20.

86 Mametkuliev B. Aplicação do método de previsão precoce da variabilidade do bicho-da-seda da amoreira no trabalho de criação. / / Algumas questões do desenvolvimento da criação do bicho-da-seda no Turquemenistão - Ashgabat Ilm, 1975. - C.50.

87 Mametkuliev B., Martynova E.D. Híbridos prospectivos do bicho-da-seda. //Agricultura do Turquemenistão - Ashgabat, 1979. №8.-C.33-34.

88 Mamadaliev F.H. Bases científicas para o aumento das qualidades produtivas e reprodutivas das cabras de raça baixa do Uzbequistão. // Resumo da dissertação de doutorado, Tashkent, 1991. -C.28-30.

89 Navruzov S.N. Sobre a produção de casulos no Uzbequistão. // Silk. Tashkent, 1991. №5.-C. 3.

90 Navruzov S.N. Vitória laboral dos criadores de bichos-da-seda do Uzbequistão. // Seda. Tashkent, 1993. №3-4.-C.3.

91 Navruzov S.N., Nasirillaev U.N. Ipak kurti she kapalaklarini tana ulchovlari buiicha tanlashning serpushtlikka ta'asiri Uzbekistan Republicsida ipakchilik makhsulotlariri sifatini oshirish yullari. Materiais da conferência Ilmiy - Tashkent, 1997. -C.32.

92 Nasirillaev U.N. Estudo da qualidade da criação de grena em estações de criação e grenzavods. //Jornal "Seda" № 4, 1967. -C.7.

93 Nasirillaev U.N. Teoria e prática da seleção em massa no bicho-da-seda da amoreira. //Abstractos de autor para o grau de Doutor em Ciências Agrárias, 1978.-C.1-49.

94 Nasirillaev U.N., Lezhenko S.S., Dvoinikova T.N., Mustafaeva G.Y., Azizov B.S. Tut ipak kurtining tirik pillalari zotlari ishtirokida sanoatbop duragailari. Uzbekiston ipakchiligi rivozhlanishning ilmiy asoslari. Editora Fan 2001, 34-b.

95 Nasirillaev U.N., Lezhenko S.S., Umarov S.R., Azizov B.S. Yoz-kuz mavsumida eng yukori makhsuldorlik khusususiyatiga ega bulgan duragailarni sinash va tanlab olish. //Ipak ilmiy tehnik journal. Tashkent. 2002. №2. -C.13.

96 Nasirillaev B.U. Bases genéticas da seleção de características morfológicas estreitamente correlacionadas com as propriedades tecnológicas dos casulos do bicho-

da-seda da amoreira Bombyx mori L. -Tashkent, 2016.-C.24-45.

97 Nasirillaev U.N. Genetic bases of mulberry silkworm selection (Bases genéticas da seleção do bicho-da-seda da amoreira). - Tashkent, Editora "Fan" 1985. - C. 42-51.

98 Pashkina T.A. Herdabilidade e inter-relação genética do desenrolamento da bainha do casulo com características de reprodução em bichos-da-seda de amoreira: Tese do autor de Candidato de Ciências Biológicas. Tashkent, 1987.-C.9-20.

99 PashkinaT .A. Directrizes metodológicas para a determinação da Herdabilidade e coeficientes de correlação do desenrolamento da bainha do casulo e utilização destes parâmetros na reprodução. Tashkent, 1986.-C.18.

100. Poyarkov E.F. Sobre a existência de fases sazonais nos bichos-da-seda da amoreira Sb "New in biology of silkworms", Moscovo, 1959, - P.54-63.

101. Priyezhev G.V., Shadybekova D. Tri-híbridos do bicho-da-seda da amoreira. // Bases científicas do desenvolvimento da criação do bicho-da-seda no Uzbequistão. Tashkent, 1978. Edição. 12. - C. 59.

102. Safonova A.M. Algumas causas de defeitos das pupas e borboletas do bicho-da-seda da amoreira e formas de os eliminar. // "Seda", Tashkent. 1972, №1. -C.10-11.

103. Safonova A.M. Dependência das propriedades da bainha do casulo na posição das lagartas durante o enrolamento. //"Seda", Tashkent. 1978. №2. - C.13-14.

104. Safonova A.M., Akizhikov Y., Dehkanov M. Influência da seleção de lotes de casulos na reprodução e silkiness na produtividade de híbridos industriais. // "Seda" №1, 1981. -C.17.

# I want morebooks!

Buy your books fast and straightforward online - at one of world's fastest growing online book stores! Environmentally sound due to Print-on-Demand technologies.

Buy your books online at
**www.morebooks.shop**

Compre os seus livros mais rápido e diretamente na internet, em uma das livrarias on-line com o maior crescimento no mundo! Produção que protege o meio ambiente através das tecnologias de impressão sob demanda.

Compre os seus livros on-line em
**www.morebooks.shop**

Printed by Books on Demand GmbH, Norderstedt / Germany